新 印象

Redshift for Cinema 4D
渲染技术核心教程

章访 编著

人民邮电出版社
北京

图书在版编目（ＣＩＰ）数据

新印象：Redshift for Cinema 4D渲染技术核心教程 / 章访编著. -- 北京 : 人民邮电出版社, 2024.1
ISBN 978-7-115-62191-7

Ⅰ．①新… Ⅱ．①章… Ⅲ．①三维动画软件－教材
Ⅳ．①TP391.414

中国国家版本馆CIP数据核字(2023)第186074号

内 容 提 要

这是一本有关 Cinema 4D 三维渲染技术的教程，主要针对有一定 Cinema 4D 基础的读者编写，介绍 Redshift 渲染器在三维渲染中的重要技术和应用实例。

本书通过功能测试和实例的形式介绍 Redshift 渲染器的重要技法，包括 Redshift 灯光照明、Redshift 通用材质、Redshift 常用节点、Redshift 摄像机、对象标签、对象实例与代理文件、Redshift 高级渲染，以及 Redshift 渲染项目实例。为了帮助读者快速掌握这些功能和三维渲染技术，书中使用"控制变量法"的测试形式来讲解软件功能和相关参数，并以实例的形式进行渲染技术的讲解。

Redshift 渲染器是嵌入 Cinema 4D 中使用的，因此本书内容更适合有一定 Cinema 4D 基础的读者学习。但是，考虑到零基础读者的学习需求，本书会附赠一套 Cinema 4D 基础教学视频，以帮助读者快速入门。注意，本书是基于 Redshift 3.5、Cinema 4D R23 编写的，请读者使用相同或更高版本的软件学习。

- ◆ 编　著　章　访
　　责任编辑　杨　璐
　　责任印制　马振武
- ◆ 人民邮电出版社出版发行　　北京市丰台区成寿寺路 11 号
　　邮编　100164　电子邮件　315@ptpress.com.cn
　　网址　https://www.ptpress.com.cn
　　雅迪云印（天津）科技有限公司印刷
- ◆ 开本：787×1092　1/16
　　印张：14.5　　　　　　　　　2024 年 1 月第 1 版
　　字数：390 千字　　　　　　　2024 年 1 月天津第 1 次印刷

定价：129.00 元

读者服务热线：(010)81055410　印装质量热线：(010)81055316
反盗版热线：(010)81055315
广告经营许可证：京东市监广登字 20170147 号

案例训练：丁达尔场景

案例训练：彩色矩阵

案例训练：荒野沙丘

案例训练：低边形场景

7.1 Redshift汽车渲染

- 教学视频　Redshift汽车渲染.mp4
- 学习目标　掌握汽车材质、灯光的制作方法

第226页

7.2 Redshift布料渲染

- 教学视频　Redshift布料渲染.mp4
- 学习目标　掌握多种布料材质的调节方法，如绒布、丝绸

第227页

7.3 Redshift室内渲染

- 教学视频　Redshift室内渲染.mp4
- 学习目标　掌握室内布光原理，把握室内多面材质的调节方法

第228页

7.4 Redshift艺术花朵渲染

- 教学视频　Redshift艺术花朵渲染.mp4
- 学习目标　掌握RS透明材质原理，学习花朵的透光性方法

第229页

前言

关于Redshift

Redshift是一款基于GPU的有偏差渲染器，网上有很多关于这种渲染器的专业解释，但是对学习者来说，不需要深究它的软件内核、计算原理等，只需要掌握相关功能在设计中的用途和使用方法即可。这是一款可用于Cinema 4D的插件式渲染器（Cinema 4D S26已经内置了Redshift），虽然在自发光效果的表现上不如Octane，但在材质的质感、灯光的表现、效果的逼真程度上都要强于Octane。

关于本书

本书共7章。为了方便读者更好地学习，本书所有操作性内容均有**教学视频**。

第1章：认识Redshift。带领读者了解渲染器的安装方法、工作界面、功能等，为后续的学习打下扎实的基础。

第2章：Redshift灯光照明。介绍Redshift的灯光照明系统，它可用于模拟现实世界的光线效果。

第3章：Redshift材质编辑器。除了介绍通用材质外，还将介绍"车漆""发光""皮肤""精灵""体积"等材质。

第4章：Redshift常用节点。介绍纹理、实用数学和颜色等节点的用法。材质节点编辑相比传统的层级编辑而言，逻辑更加清晰，渲染效率也更高。

第5章：Redshift摄像机、对象标签、对象实例与代理文件。讲解Redshift摄像机、对象标签、对象实例和代理文件的相关参数和使用方法，以及如何通过这些功能制作出逼真的效果。

第6章：Redshift高级渲染。讲解Redshift的高级渲染模式，以及通过设置"采样""运动模糊""全局""GI""焦散""AOV""降噪"等选项卡中的参数，渲染出逼真的效果。

第7章：Redshift渲染项目实例。本章罗列了6个渲染项目，展示了效果和特写镜头，读者可以根据相应思路来自行制作，也可以观看教学视频学习详细的操作过程。

附录：计算机硬件配置清单。鉴于Redshift属于物理渲染器，对计算机硬件配置有严苛的要求，为了规避读者在学习过程中因为计算机硬件配置不符合要求而产生问题，附录提供了适用于学习本书和制作项目的计算机硬件配置清单。

编者感言

非常感谢人民邮电出版社对我的认可，让我能以图书的形式将Redshift渲染器的知识分享给广大读者。为了让本书内容更加精确，我与业内优秀的技术人员进行了交流与探讨，同时查阅了Redshift官方提供的资料，并进行了一系列归纳和整理。书中采用的案例来源于我临摹的国外优秀作品与UTV4D"小白成长记"的学员作品，希望能帮读者快速掌握Redshift的基础功能，更快地提升渲染技术。本书内容仅代表我个人对Redshift的见解，如果读者在学习过程中有不同的意见，欢迎指出并讨论。

编者

2023年4月

导读

1.版式说明

提示： 可以帮助读者掌握工作中的小技巧，让工作事半功倍。

对比分析图： 相关操作的效果对比，帮助读者认识相关操作的作用和意义。

资源链接： 项目所用文件的位置，引导读者快速找到所需文件。

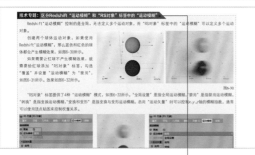

步骤： 图文结合的讲解，帮助读者厘清制作思路和熟练掌握操作方法。

技术专题： 适用于大部分同类项目的技术点，帮助读者掌握Redshift的核心技术。

效果套图展示： 项目的最终效果展示，帮助读者了解三维视觉设计的展示方式。

2.学习建议

在阅读过程中，如果发现难以领会的内容，请观看教学视频，视频中进行了详细的操作演示和延伸讲解。

在学习本书时，请打开资源文件中的对应场景文件进行学习，并对相关场景文件进行备份处理，以便随时能找到初始文件。

在学习过程中，若因图示过于复杂而无法厘清结构，可以打开实例文件并切换到对应位置进行学习。

在跟随书中步骤进行操作时，希望读者能有自己的设计思维，建议在书中内容的基础上进行相关参数和操作的修改，用辩证的方式去学习，更深刻地体会项目工作模式。

读者完成书中项目实例制作后，可以根据自己的想法对当前文件进行修改，也可以制作自己想要的效果。

服务与支持

本书由"数艺设"出品，"数艺设"社区平台（www.shuyishe.com）为您提供后续服务。

"数艺设"社区平台，为艺术设计从业者提供专业的教育产品。

与我们联系

我们的联系邮箱是 szys@ptpress.com.cn。如果您对本书有任何疑问或建议，请您发邮件给我们，并请在邮件标题中注明本书书名及ISBN，以便我们更高效地做出反馈。

如果您有兴趣出版图书、录制教学课程，或者参与技术审校等工作，可以发邮件给我们。如果学校、培训机构或企业想批量购买本书或"数艺设"出版的其他图书，也可以发邮件联系我们。

关于"数艺设"

人民邮电出版社有限公司旗下品牌"数艺设"，专注于专业艺术设计类图书出版，为艺术设计从业者提供专业的图书、视频电子书、课程等教育产品。出版领域涉及平面、三维、影视、摄影与后期等数字艺术门类，字体设计、品牌设计、色彩设计等设计理论与应用门类，UI设计、电商设计、新媒体设计、游戏设计、交互设计、原型设计等互联网设计门类，环艺设计手绘、插画设计手绘、工业设计手绘等设计手绘门类。更多服务请访问"数艺设"社区平台www.shuyishe.com。我们将提供及时、准确、专业的学习服务。

目录

第1章 认识Redshift

第2章 Redshift灯光照明

第3章 Redshift材质编辑器

目录

第4章 Redshift常用节点

第5章 Redshift摄像机、对象标签、对象实例与代理文件

第6章 Redshift高级渲染

目 录

完整渲染　　　　　　　　深度　　　　　　　　反射　　　　　　　　阴影

第7章 Redshift渲染项目实例

第1章 认识Redshift

■ 本章简介

　　本章将带领读者认识Redshift，了解这款渲染器的安装方法、工作界面、功能等信息，为后续的学习打下扎实的基础。读者可以跟着本章的讲解进行学习，若暂时不了解相关原理也不用过分纠结，后面会详细介绍。

■ 主要内容

· Redshift是什么　　　　　　· Redshift概述　　　　　　· Redshift的工作界面

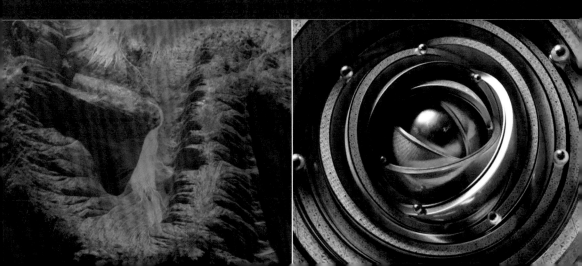

1.1 Redshift是什么

　　Redshift是一种有偏差的渲染器，兼具灵活性与功能性。它可以用较少的样本实现无噪点的渲染，并达到较高的渲染水准，效率比Octane无偏差渲染器高得多。目前，Redshift正广泛用于动漫、影视特效、广告、建筑设计等行业，能够满足影视渲染、效果图渲染、建筑渲染等业务需求。

1.2 Redshift概述

　　Redshift支持各种规模的创意设计，提供了一系列强大的功能，并能够运用于当下的CG设计市场。

1.2.1 功能应用介绍

　　登录Redshift(Cinema 4D) 官网，如图1-1所示，根据提示购买Redshift并将其安装到计算机中。下面介绍Redshift的常用功能。

图1-1

　　写实效果模拟。Redshift能够制作写实效果，并且可以在渲染窗口中的交互式预览区域实时观察渲染效果，以便进行调整。Redshift的作品渲染效果如图1-2和图1-3所示。

图1-2

图1-3

　　着色与纹理。Redshift拥有复杂、高级的着色系统和纹理处理功能，这使得其能够用于制作或渲染复杂的纹理质感，如图1-4所示。

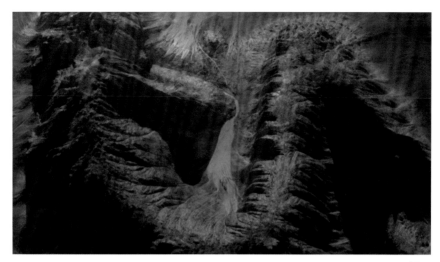

图1-4

角色制作。Redshift可以让 3D 作品栩栩如生，且其拥有令人惊叹的渲染速度和出色的图像效果，所以其也被应用于角色制作领域，功能和效率均能满足实际工作需求。渲染效果如图1-5和图1-6所示。

图1-5   图1-6

质感表现。Redshift节点式的材质表达形式让整个工作逻辑和流程更加清晰，多用于表现质感细节，如图1-7所示。

图1-7

 虽然Redshift拥有很强大的功能，但其只是一款渲染器，模型精度对渲染效果的影响仍然不可忽视。

1.2.2 Redshift 3.5的新增功能

Maxon在Cinema 4D S26中内置了Redshift，并新增了Redshift 3.5，它不仅可以由GPU驱动，还支持在CPU上运行。另外，此版本引入了Redshift标准材质，并为Windows和Linux系统提供AMD GPU支持，即支持核心显卡渲染。

Redshift 3.5提供的全新标准材质可以增强Redshift与其他DCC（Digital Content Creation，数字内容创作）应用程序的互操作性，能更好地呈现薄膜彩虹色和漫射的粗糙度。相关参数面板如图1-8所示。

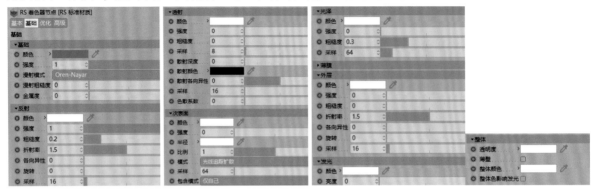

图1-8

在Redshift节点编辑器中使用"将节点连接到输出端"功能可以独立显示单个节点的信息，能方便调节与观察材质，读者可以先为其设置快捷键。

执行"窗口>自定义布局>自定义命令"菜单命令，打开"自定义命令"对话框，在"名称过滤"文本框中输入"将节点"，选择"将节点连接到输出端"，然后单击"快捷键"文本框，按住Alt键的同时按B键，依次单击"指定"按钮和"执行"按钮，如图1-9所示。

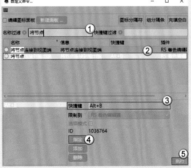

图1-9

有操作基础的读者可以打开Redshift节点编辑器，测试一下快捷键Alt+B的便捷性，如图1-10所示。

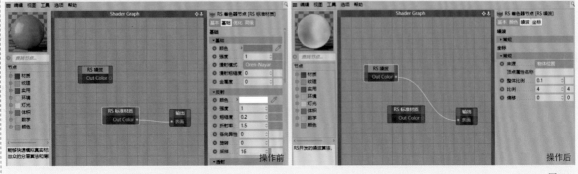

操作前　　　　　　　　　　　　　　　　操作后

图1-10

1.3 Redshift的工作界面

与Octane类似，如果使用插件形式安装Redshift，那么需要单独设置和启用Redshift。本节将介绍如何启用Redshift 3.5，以及Redshift 3.5的核心功能模块和渲染视图的工具栏。

1.3.1 快速启用Redshift 3.5

使用Cinema 4D打开学习资源中的"练习文件>CH01>01.c4d"文件，然后执行"Redshift>RS渲染视图"菜单命令打开渲染视图，单击"播放"按钮 ⊙，即可开始渲染，且可以看到实时渲染效果，如图1-11所示。

图1-11

1.3.2 Redshift 3.5的功能模块

Redshift 3.5包含多个核心功能模块。在Cinema 4D中安装好Redshift后，可以在菜单栏中的Redshift菜单中找到这些功能模块。下面着重介绍常用的4个功能模块。

1.对象

"对象"组涵盖了"RS烘焙设置""RS环境""RS天空""RS太阳和天空""RS代理""RS体积""矩阵散点图"等对象，如图1-12所示。

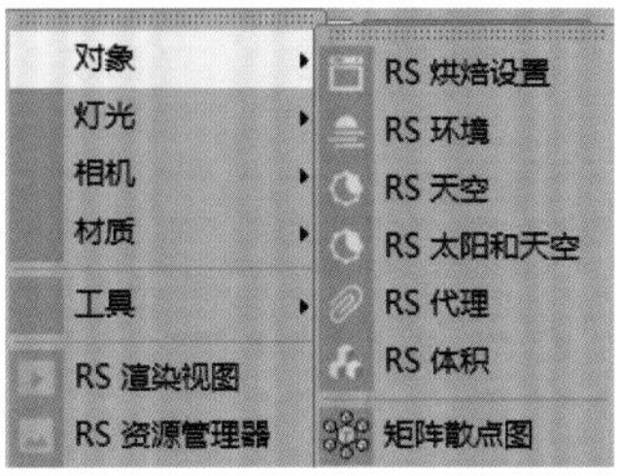

图1-12

2.灯光

"灯光"组涵盖了"平行光""点光源""聚光灯""区域光""HDR""IES光""门户光""物理太阳"等灯光对象，如图1-13所示。

图1-13

3.相机

"相机"组涵盖了"标准""鱼眼""球形""圆柱体""立体球面"等拍摄模式，如图1-14所示。

图1-14

4.材质

"材质"组涵盖了"通用材质""车漆""C4D着色器""环境""Mair""发光""多重色""皮肤""精灵""SSS""粒子""体积""标准材质"等材质对象，如图1-15所示。

图1-15

技术专题： 了解Redshift的辅助功能

"RS渲染视图""RS资源管理器""RS AOV管理器""RS反馈显示""RS着色编辑器"是5个辅助工具，如图1-16所示。

图1-16

前面已经介绍过了"RS渲染视图"，这里不再赘述。

RS资源管理器：可以快速浏览工程中出现的材质贴图、灯光贴图、HDR环境贴图，可用于查找或替换路径，如图1-17所示。

RS AOV管理器：可以输出各种不同的通道信息，例如GI、反射、折射、深度、焦散等众多单通道信息，如图1-18所示。

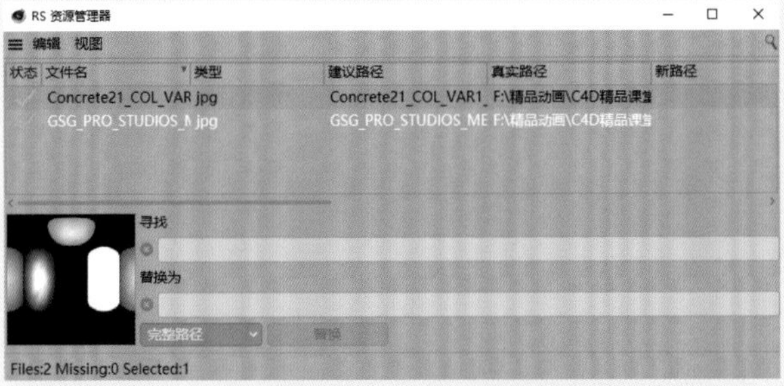

图1-17

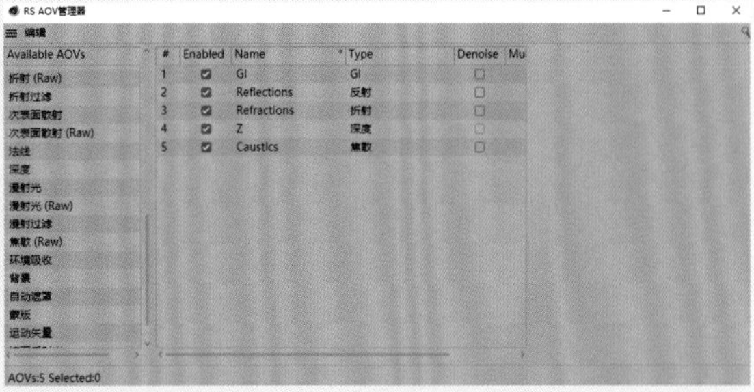

图1-18

RS反馈显示：及时反馈错误，帮助用户清楚地找到问题，如图1-19所示。

RS着色编辑器：用于分配与管理复杂材质的编辑，利用节点的创建原理可以更清楚、高效地完成质感的表现，如图1-20所示。

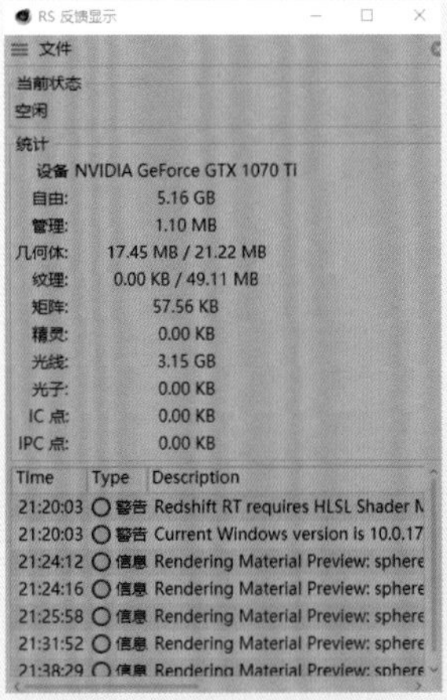

图1-19

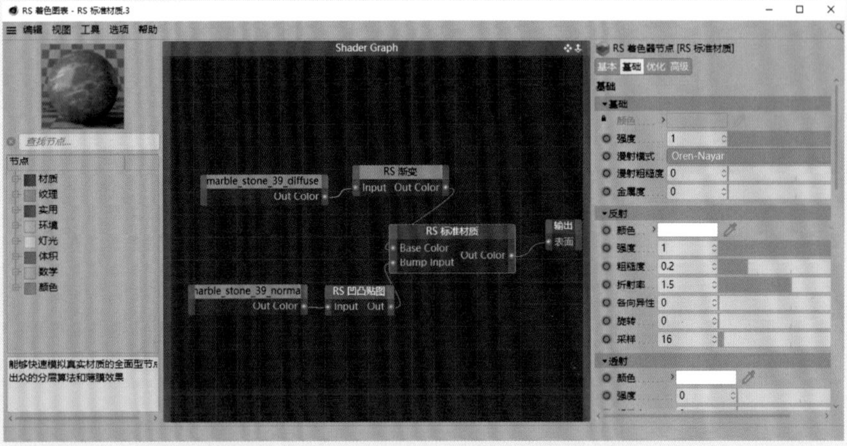

图1-20

1.3.3 渲染视图的工具栏详解

渲染视图的工具栏包括交互式预览渲染、AOV预览、景深距离、颜色通道、降噪、区域渲染、相机设置等功能的相关工具按钮，如图1-21所示。

图1-21

重要工具功能详解

渲染： 开始新的渲染。

IPR： 启动和停止红移的交互式预览渲染，用于快速渲染反馈。

更新IPR： 对交互式预览渲染结果进行强制刷新。

`Beauty` **AOV预览：** 如果设置了AOV通道，如反射，就会显示AOV的下拉菜单，从而可快速浏览结果，如图1-22所示。

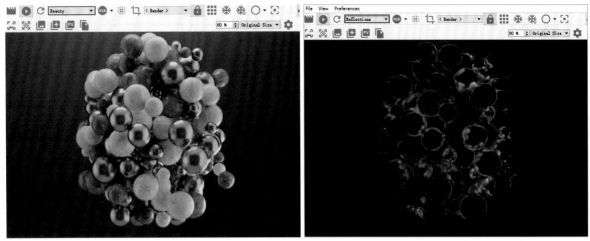

图1-22

●•**颜色通道:** 用于设置查看RGB通道中的单通道效果。

❋ **去噪前显示:** 切换去噪前后的效果,方便读者对比。

🔲 **区域渲染:** 绘制一个自定义矩形选区,Redshift可以只渲染选区内的区域,如图1-23所示。

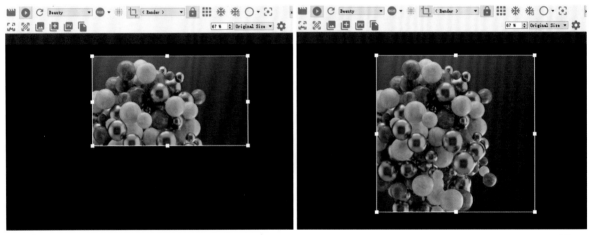

图1-23

`< Render >` ▼ **相机视角:** 通过下拉菜单可以指定渲染时使用的场景摄像机,并且会启用当前视区中处于活动状态的摄像机,如图1-24所示。默认情况下为Auto(自动)。

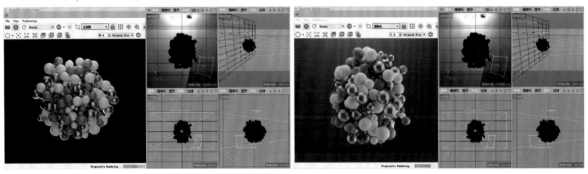

图1-24

第 2 章 Redshift灯光照明

■ 本章简介

    Redshift是一款有偏差物理渲染器，相对于无偏差Octane渲染器来说，其灯光种类更多，可以更好地控制光影效果。本章将介绍Redshift的灯光照明系统，它可用于模拟现实世界的光照效果。

■ 本章简介

- Redshift日光系统
- Redshift区域光
- Redshift平行光
- Redshift点光源
- Redshift聚光灯
- Redshift HDR
- Redshift IES光
- Redshift门户光
- Redshift环境

2.1 Redshift日光系统

Redshift拥有强大的太阳光效，适合用于渲染室外场景。它可以根据太阳的高低模拟现实世界，渲染出清晨、傍晚等效果，也可以与HDRI(High Dynamic Range Image，高动态范围图像)配合使用。

2.1.1 创建日光

Redshift有两种创建日光的方式。

第1种： 执行"Redshift>灯光>物理太阳"菜单命令，如图2-1所示。

第2种： 执行"Redshift>对象>RS太阳和天空"菜单命令，如图2-2所示。

"物理太阳"只有单纯的日光效果，没有天空；"RS太阳和天空"可以让日光与天空产生联动，更加贴近现实世界，如图2-3所示。

图2-1　　　　　图2-2　　　　　　　　　　　　　　　　　　　　　　　　　　　图2-3

> **提示** 通过对比可以看出，使用"RS太阳和天空"创建的光照效果比较接近现实世界，因此在制作实际项目时，建议选择"RS太阳和天空"来创建日光。

2.1.2 控制太阳光

在使用"RS太阳和天空"时，可以通过旋转太阳来控制太阳光的照射强度和照射方向。图2-4所示是不同角度的太阳光照射效果。

图2-4

2.1.3 天空

更多的太阳光物理属性是由"RS天空"属性面板控制的。"RS天空"属性面板如图2-5所示。

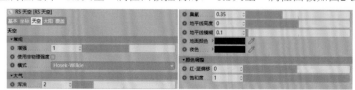

图2-5

1.常规

"常规"主要用于控制光照强度和光照模式。

重要参数介绍

增强: 控制光线的明暗程度。数值越大,光线越亮;数值越小,光线越暗,如图2-6所示。

图2-6

使用非物理强度: 需要配合非物理相机使用,可以降低照明的亮度。

模式: 有Hosek-Wilkie和Preetham et Al两种模式。一般情况下,使用Hosek-Wilkie模式能产生更逼真的日出和日落效果,如图2-7所示。

图2-7

2.大气

"大气"主要用于控制天空的背景效果。

重要参数介绍

浑浊: 控制空气的朦胧度或灰尘颗粒的数量。数值为2时表示清晰的蓝色天空,数值为10时表示浑浊的灰色天空,如图2-8所示。

臭氧: 控制大气中的臭氧量,参数取值范围为0~1。默认情况下参数值为0.35,通常用于表示地球的大气层。参数值越小天空颜色越暖,参数值越大天空颜色越冷。图2-9所示是"臭氧"为1时的效果。

图2-8　　　　　　　　　　　　　　　　　　　　　　　　　　　图2-9

地平线高度: 控制地平线的位置。数值越大,地平线越高;数值越小,地平线越低,如图2-10所示。默认情况下参数值为0(水平)。

图2-10

地平线模糊： 当天空与地面相接时，地平线处会有一条生硬的接缝线，该参数可以控制这条接缝线的效果。数值越大，地平线就越模糊，如图2-11所示。

地平线模糊：0　　　　地平线模糊：1.5

图2-11

地面颜色： 用于设置地面的颜色。地面颜色受到太阳大气效应的影响存在一定的反照率，有助于全局照明。当将"地面颜色"设置为玫紫色时，如图2-12所示，效果如图2-13所示。

图2-12　　　　图2-13

夜色： 用于控制天空的颜色。太阳角度越大，天空颜色越深；太阳角度越小，天空颜色越淡，直至完全消失，如图2-14所示。

太阳角度：-45°　　　　太阳角度：-5°

图2-14

3.颜色调整

"颜色调整"主要用于控制太阳光颜色的冷暖和饱和度。

重要参数介绍

红-蓝偏移： 控制太阳光颜色的冷暖感。数值越大，颜色越暖（红）；数值越小，颜色越冷（蓝），如图2-15所示。

偏移：10　　　　偏移：-10

图2-15

饱和度： 用于调整太阳光颜色的饱和度。数值越大，颜色越鲜艳；数值越小，颜色越淡，0表示黑白灰，如图2-16所示。

饱和度：1　　　　饱和度：0

图2-16

2.1.4 太阳

进入"RS天空"属性面板，然后选择"太阳"选项卡，如图2-17所示。此选项卡下的参数主要用于调整太阳本体产生的效果。

图2-17

重要参数介绍

太阳强度： 用于设置太阳的可见亮度。0代表不可见，1代表可见，如图2-18所示。

图2-18

太阳大小： 用于设置太阳的半径。半径越大，阴影越弱；半径越小，阴影越强，如图2-19所示。

图2-19

太阳辉光强度： 需要结合"太阳强度"和"太阳大小"来调整太阳边缘的光晕效果。数值越大，光晕效果越强，如图2-20所示。

图2-20

2.2 Redshift区域光

除了HDRI天空、太阳光照明环境之外，Redshift中还有一些摄影棚中的常用光源，它们可以模拟出不同的灯光氛围，如冷酷、热情、恐怖等。Redshift中还提供了丰富的人造光源，可用于模拟点光源、聚光灯和定向光源，以及各种形状的区域光。

2.2.1 创建区域光

执行"Redshift>灯光>区域光"菜单命令，如图2-21所示，创建区域光。"RS区域光"属性面板如图2-22所示。

图2-21

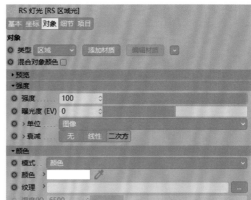
图2-22

2.2.2 对象

"对象"选项卡中包含了"类型""预览""强度""颜色"等参数设置，主要用于控制灯光的基本属性。

1.类型

"类型"中提供了8种照明类型，读者可以根据项目需求选择不同的照明类型，包括"点""聚光灯""平行光""区域""HDR""IES""门户""物理太阳"，如图2-23所示。下面重点讲解"区域"光。

2.添加材质

在"RS区域光"属性面板中单击"添加材质"按钮后会生成一个材质球，双击该材质球打开节点编辑器。创建"物理光源"节点，其属性面板如图2-24所示，可用于调节灯光的强度和颜色。

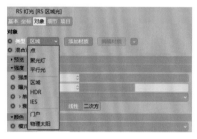

图2-23

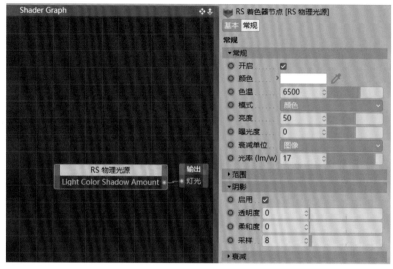

图2-24

单击"编辑材质"按钮右侧的 图标，此时会出现两个选项。Add Target Tag表示为当前灯光添加"目标"标签，需要手动指定对象，如图2-25所示。Add Target Tag and Null表示为当前灯光添加"目标"标签并创建"空白"对象，读者可以通过移动"空白"对象控制灯光方向，如图2-26所示。

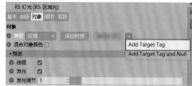

图2-25

提示 在实际项目的制作过程中为灯光创建"目标"标签，可以更加精准地控制灯光方向。

图2-26

3.混合对象颜色

勾选"混合对象颜色"后可以在"RS区域光"属性面板的"基本"选项卡中设置"显示颜色"为"开启"，即可设置颜色，如图2-27所示。勾选"混合对象颜色"前后的对比效果如图2-28所示。

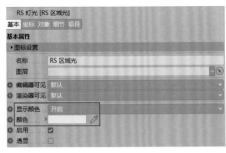

图2-27

图2-28

4.预览

"预览"主要用于预览灯光在视图中产生的照明效果，并不会影响最终渲染结果。其中包含"线框""发光""发光调节"3种模式，如图2-29所示。

重要参数介绍

线框：勾选后，灯光在视图中以线框的形式表现，如图2-30所示。

图2-29

图2-30

发光：勾选后，灯光在视图中会以明暗对比形式凸显照明关系，如图2-31所示。

发光调节：通过滑动条控制灯光在视图中的明暗关系。数值越大灯光越亮，数值越小灯光越暗，如图2-32所示。

图2-31

图2-32

5.强度

"强度"主要用于调整灯光的强弱，使用不同单位来计算灯光的亮度、衰减，如图2-33所示。

重要参数介绍

强度：可通过滑动条调整灯光的明暗。数值越大，灯光越亮；数值越小，灯光越暗，如图2-34所示。

图2-33

图2-34

曝光度（EV）： 可通过数值控制灯光强度的倍数。数值增大时，灯光强度倍增；数值减小时，灯光强度倍减，如图2-35所示。

图2-35

单位： 共有5种光照单位，即"图像""光强度（lm）""光亮度（cd/m^2）""辐射度（W）""辐亮度（W/sr/m^2）"，如图2-36所示。其中"图像"会随着区域光尺寸的改变而影响灯光强度，而其他光照单位不会受到区域光尺寸的影响，如图2-37所示。

图2-36

 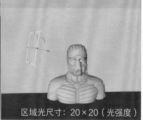

图2-37

衰减： 有"无""线性""二次方"3种表现方式，主要功能是根据场景的远近位置关系，计算出接近现实的光线衰减效果，如图2-38所示。

> **提示** "无"代表光线无任何衰减效果。"线性"可以通过设置开始与结束的参数值，自定义光线衰减距离。"二次方"接近真实的物理光影效果，可以准确地判断光线的衰减范围，是使用率较高的一种表现方式。

图2-38

6.颜色

"颜色"用于设置灯光的颜色，可以通过"颜色""色温""颜色和色温"3种模式来设置颜色，同时也支持纹理贴图，如图2-39所示。

重要参数介绍

颜色：可直接设置颜色色板，如图2-40所示。

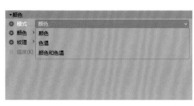

图2-39

图2-40

色温：以开尔文（K）为单位，用于设置灯光的颜色，参数值范围为1667K～25000K。参数值越小，灯光颜色越暖；参数值越大，灯光颜色越冷，如图2-41所示。

颜色和色温：混合使用灯光颜色与色温，如图2-42所示。

图2-41

图2-42

纹理：添加彩色的图像可以烘托场景氛围，如图2-43所示。"纹理"还支持添加动画序列图，只需要选择"动画"，然后设置"模式"为"简易"或"循环"即可，如图2-44所示。

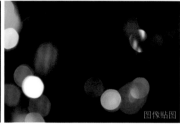

图2-43

图2-44

7.形状

　　"形状"可以用于定义区域光的物理形状，包含"矩形""圆盘""球体""圆柱""网格"5种形状，如图2-45所示。效果如图2-46所示。

图2-45

图2-46

重要参数介绍

　　尺寸X/Y/Z： 用于设置区域光分别在x、y、z轴上的大小范围，单位为cm，如图2-47所示。

　　扩展： 可通过移动滑动条控制灯光照亮的角度范围，如图2-48所示。

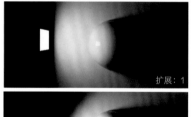
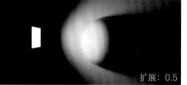

图2-47

图2-48

　　可见： 用于控制区域光光源在渲染画面中的可见性，如图2-49所示。

图2-49

双向: 默认情况下灯光为单向照亮,勾选后为双向照亮,如图2-50所示。

图2-50

标准化强度: 可用于防止灯光强度在灯光大小发生变化时发生变化。

2.2.3 区域光细节属性

执行"Redshift>灯光>区域光"菜单命令创建区域光,进入"RS区域光"属性面板,然后选择"细节"选项卡,如图2-51所示。

1.阴影

勾选"产生阴影"表示被照射物体产生阴影,不勾选"产生阴影"表示被照射物体不产生阴影,如图2-52所示。

图2-51

图2-52

当"透明度"为0时,显示阴影;当"透明度"为1时,不显示阴影,如图2-53所示。

图2-53

2.灯组

"AOV灯光组"可以设置不同的灯光分层通道,方便后期进行处理,操作流程如下。

01 选择"AOV灯光组",然后选择"<添加新灯光组>"两次,并分别重命名为"红色"和"蓝色",如图2-54所示。效果如图2-55所示。

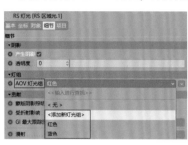

图2-54

图2-55

02 执行"渲染>编辑渲染设置"菜单命令,打开"渲染设置"对话框,设置"渲染器"为Redshift,然后单击"AOV"选项卡下的"显示AOV管理器"按钮,如图2-56所示。打开"RS AOV管理器"对话框后,将"完整渲染"拖曳至右侧列表中,然后重复操作一次,接着单击Beauty,勾选"红色",最后单击Beauty1,勾选"蓝色",如图2-57所示。

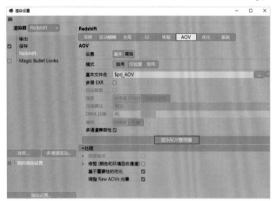

图2-56

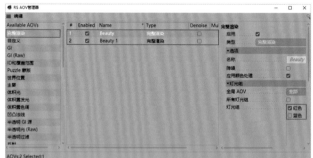

图2-57

03 在Redshift渲染视图中选择灯光分层通道并查看,如图2-58所示。不同通道的对比效果如图2-59所示。

图2-58

红色分层通道

蓝色分层通道

图2-59

3.贡献

"蒙版阴影照明"用于指定灯光是否可以照亮"无光阴影"表面。

"GI最大跟踪深度"可以用于设置GI光线的最大跟踪深度。0代表直接照明,无任何光线跟踪,如图2-60所示。

"受折射影响"可以用于控制镜面反射光线是否弯曲，在玻璃材质中光线弯曲有着较为重要的作用。"受折射影响"中包含3种模式，分别是"从不""自动""总是"，如图2-61所示。"从不"的镜面反射光线不弯曲；"自动"的镜面反射光线不粗糙时折射弯曲，粗糙时不弯曲；"总是"的镜面反射光线折射弯曲。

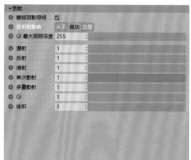

图2-60

图2-61

"漫射""反射""透射""单次散射""多重散射""GI""体积"均可设置材料是否接受光线跟踪，1代表接受，0代表不接受。例如设置"反射"为1时光线会跟踪到反射信息，会显现出金属质感；设置"反射"为0时光线将无法跟踪，就会显现出黑色，如图2-62所示。

图2-62

使用"体积"前需要执行"Redshift＞对象＞创建RS环境"菜单命令创建环境光。设置"体积"为1时光线会跟踪到体积信息，产生较浓的大气效果；设置"体积"为0.02时光线跟踪强度变弱，产生较淡的大气效果；设置"体积"为0时光线将无法跟踪，无法显现大气效果，如图2-63所示。

图2-63

4.焦散

启用"焦散"后灯光会产生焦散光子，如图2-64所示。可以通过设置"强度"参数值来控制光子投射的强度。参数值越大，光子投射的强度越高；参数值越小，光子投射的强度越低。"光子"是用于控制灯光的焦散光子数量的。

图2-64

5.项目

"项目"是通过"包括""排除"这两种模式来指定模型是否接受特定的灯光照明行为的。创建一个"RS区域光"，选择"金属面罩"，然后设置"模式"为"排除"，如图2-65所示。效果如图2-66所示。

新建一个"RS区域光"，设置"颜色"为红色，效果如图2-67所示。

图2-65

图2-66

图2-67

2.3 Redshift平行光

Redshift平行光又称无限光，其照明方式与太阳光相同，都是通过旋转来调整光线照射位置与方向的。区别在于Redshift平行光的阴影不会产生拉伸感，始终保持平行状态。

执行"Redshift＞灯光＞平行光"菜单命令创建"平行光"，如图2-68所示。"RS平行光"属性面板如图2-69所示。"平行光"对应的角度和阴影效果如图2-70所示。

图2-68

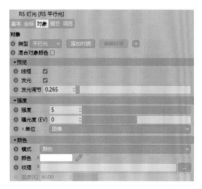

图2-69

角度

阴影

图2-70

2.4 Redshift点光源

Redshift点光源是以点的方式向四周发射光线的，例如蜡烛、白炽灯等就是以这种方式发射光线的。

执行"Redshift＞灯光＞点光源"菜单命令创建"点光源"，如图2-71所示。"RS点光源"属性面板如图2-72所示。

图2-71 　　　　　　　　　　　　　　　　　图2-72

"点光源"的光线强度与"区域光"不同，它需要一个较大的范围，通过调整"曝光度（EV）"参数即可实现，如图2-73所示。

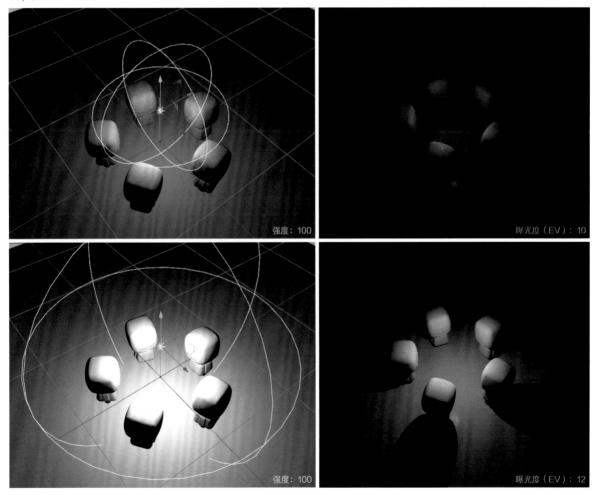

图2-73

2.5 Redshift聚光灯

Redshift聚光灯将光聚集到一个点上并向外发射出锥形光线，这种光线具有舞台戏剧性，在项目中使用频率较高。

执行"Redshift>灯光>聚光灯"菜单命令创建"聚光灯"，如图2-74所示。其属性面板如图2-75所示。

图2-74   图2-75

2.5.1 强度

调整"聚光灯"的"强度"时，可以通过在预览窗口中调整黄色控制点的大小来改变灯光的亮度，也可以通过设置"曝光度（EV）"的参数值来实现，如图2-76所示。

图2-76

2.5.2 形状

"锥角"可以指定"聚光灯"照射的范围。数值越大，范围越大；数值越小，范围越小，如图2-77所示。

锥角：20   锥角：60

图2-77

"衰减角"可以指定光在"聚光灯"锥体边缘的硬朗程度。数值越小，边缘越硬朗，如图2-78所示。

衰减角：0　　　　　　　　衰减角：5　　　　　　　　衰减角：20

图2-78

"衰减曲线"用于指定光在"聚光灯"中间向锥体边缘衰减的程度。数值越大，锥体边缘衰减程度越大，如图2-79所示。

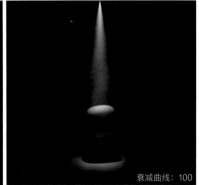

衰减曲线：10　　　　　　　　衰减曲线：100

图2-79

为了更好地展示"聚光灯"的"衰减角"和"锥角"属性，可以执行"Redshift＞对象＞RS环境"菜单命令，如图2-80所示，给"聚光灯"添加雾化效果。在"RS环境"属性面板中设置"摄像机"为0.04，如图2-81所示。效果如图2-82所示。

如果想要模拟舞台灯光，让光线具有戏剧性，可以在"RS聚光灯"属性面板中的"纹理"中添加图像，如图2-83所示，从而产生彩色的光束。效果如图2-84所示。

图2-80

图2-81

图2-82　　　　　　　　图2-83　　　　　　　　图2-84

2.5.3 阴影

"透明度"指灯光投射的阴影的透明度。数值越小，产生的阴影越暗；数值越大，阴影越淡。"柔和"指非"区域光"阴影的边缘柔和度，如图2-85所示。数值越小，阴影边缘越硬；数值越大，阴影边缘越柔和，如图2-86所示。

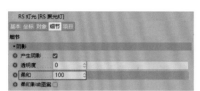

图2-85

柔和：0

柔和：100

图2-86

"柔和影响图案"可以使丁达尔光束产生柔和效果。当"柔和"为100时，不勾选"柔和影响图案"会产生清晰的光束，勾选"柔和影响图案"会产生柔和的光束，如图2-87所示。

柔和影响图案：不勾选

柔和影响图案：勾选

图2-87

2.6 Redshift HDR

Redshift HDR是一种无限的纹理映射，又称HDR环境光，使用它可以获得高质量的照明效果。

执行"Redshift>灯光>HDR"菜单命令创建HDR环境光，如图2-88所示。其属性面板如图2-89所示。

图2-88   图2-89

2.6.1 常规

在RS HDR属性面板中设置"纹理"为"图像",如图2-90所示。在三维项目中通常会使用3种不同的图像类型,即"摄影棚""室外""室内",如图2-91所示。

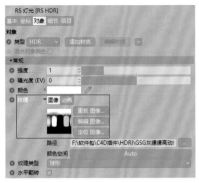

图2-90

图2-91

"强度"可以用于设置HDR图像亮度。数值越大,HDR图像越亮;数值越小,HDR图像越暗。"曝光度(EV)"是在"强度"的基础上以倍数增加亮度,例如将室外HDR"曝光度(EV)"设置为0和1时的效果如图2-92所示。

 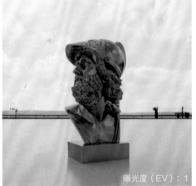

图2-92

设置"颜色"后,该颜色会与HDR图像产生滤色叠加效果。如果未添加HDR图像,那么呈现出的效果为该颜色本身的效果,如图2-93所示。

 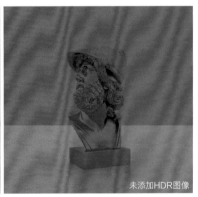

图2-93

"纹理类型"包括"球形""半球""MirrorBall""Angular"。勾选"水平翻转"会在x轴上水平翻转HDR图像，从而更好地满足环境光照需求，如图2-94所示。

图2-94

重要参数介绍

球形： 采样为经度或纬度球形图。

半球： 采样为经度或纬度半球形图。

MirrorBall： 采样为镜像球贴图。

Angular： 采样为角度图。

"色相"可以用于设置图像的色调，其颜色叠加方式与"颜色"不同，它会根据HDR图像的明暗关系计算出合理的调性，如图2-95所示。

图2-95

"饱和度"可用于设置HDR图像颜色的饱和度。当"饱和度"低于100时，图像为黑白色；当"饱和度"高于100时，图像较为鲜艳，如图2-96所示。

图2-96

提示 HDR图像的"饱和度"在项目制作中较为重要。例如制作无色金属时，由于HDR图像的颜色会直接影响到场景色，因此需要将"饱和度"设置为0，才能表现出无色金属的质感。

"伽马"可用于设置HDR图像的明暗对比度。数值越大，对比度越高；数值越小，对比度越低，图像越接近白色，如图2-97所示。

图2-97

2.6.2 环境

"背景"用于设置HDR图像是否作为最终渲染背景。它默认情况下处于勾选状态，不勾选时图像背景为黑色，如图2-98所示。

勾选"替换Alpha通道"时可以创建Alpha通道，方便后期进行合成。进入Redshift渲染视图，然后设置颜色通道为Alpha，效果如图2-99所示。

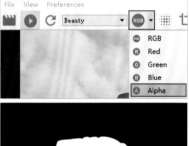

图2-98

图2-99

2.6.3 背板

勾选"启用"后可以自定义背板纹理图像，而背景图像的光线不会对场景产生影响，如图2-100所示。

> **提示** "背板"中的"曝光度（EV）""色相""饱和度""伽马""纵横比"等是用于调整背景图像的明暗、宽度的，在项目制作中使用Photoshop或After Effects调整背景图像会更加便捷。

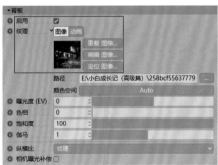

图2-100

2.7 Redshift IES光

Redshift IES光通过使用IES配置文件来定义灯光的强度和分布，大多数用于室内装饰行业中。

执行"Redshift>灯光>IES光"菜单命令创建"IES光"，如图2-101所示。其属性面板如图2-102所示。

在"IES文件"中添加一些不同的IES光分布图像，注意查看光的分布模式，如图2-103所示。效果如图2-104所示。

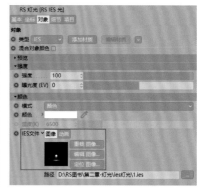

| 图2-101 | 图2-102 | 图2-103 |

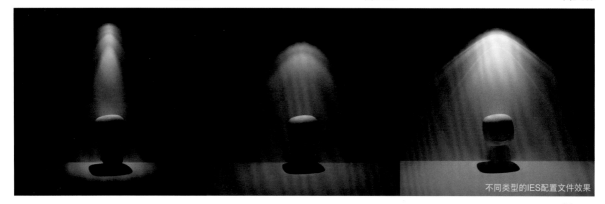

不同类型的IES配置文件效果

图2-104

2.8 Redshift门户光

Redshift门户光是一种用于辅助室内全局照明的矩形区域光，直接将光从外部环境投射到房间中，能够有效地引导HDR环境光照明。

01 执行"Redshift>灯光>门户光"菜单命令创建"门户光"，如图2-105所示。其属性面板如图2-106所示。

02 创建HDR纹理图像，如图2-107所示。在"RS门户光"属性面板中设置"强度"为10，设置"尺寸X"和"尺寸Y"均为900cm，如图2-108所示。移动"门户光"至窗户边缘，如图2-109所示。效果如图2-110所示。

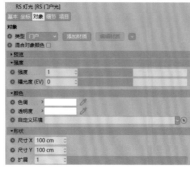

| 图2-105 | 图2-106 | 图2-107 |

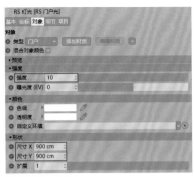

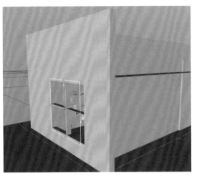

图2-108 图2-109 图2-110

2.9 Redshift环境

现实世界的环境中包含灰尘、灰烬等小颗粒，光穿过这个环境时会根据这些颗粒的组成而发生变化。部分光被吸收，而剩余的光分散在周围，便产生了体积雾、丁达尔现象。

执行"Redshift＞对象＞RS环境"菜单命令创建环境光，如图2-111所示。其属性面板如图2-112所示。

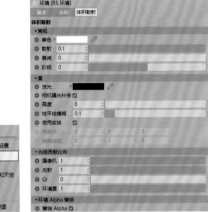

图2-111 图2-112

2.9.1 常规

"着色"可以用于调节光线的体积颜色，但不影响光线的照射颜色，如图2-113所示。效果如图2-114所示。

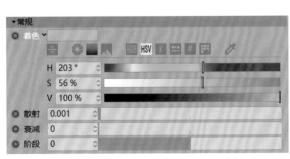

图2-113 图2-114

"散射"可以控制光线体积的光照强度。数值越大，产生的体积光越亮；数值越小，产生的体积光越暗。当数值为0时不产生体积光，如图2-115所示。

图2-115

"衰减"可以控制雾的强度和光在穿过介质时的衰减量。数值越大，衰减量越大。当数值为0时没有任何衰减效果，如图2-116所示。

图2-116

"阶段"又称"相位"，主要控制光线的"前向散射"和"反向散射"。当数值大于0时会产生"前向散射"，表示体积光靠近摄像机；当数值小于0时会产生"反向散射"，表示体积光远离摄像机，如图2-117所示。

图2-117

2.9.2 雾

"发光"允许雾产生自发光效果，当"发光"为黑色时，不产生雾。

设置"雾"的"发光"为橙色，然后通过调节"衰减"来控制雾的远近关系，如图2-118所示。数值越大雾越近，数值越小雾越远，效果如图2-119所示。

图2-118

图2-119

"相机曝光补偿"可以结合"RS摄像机"标签中的"光圈"使用。"高度"可以用于设置雾的高度。图2-120所示为"高度"为200和400时的效果。

图2-120

雾的高度值较大时，雾与地平线的连接处会出现清晰的阴影线，通过设置"地平线模糊"参数值可以让雾从地平线淡出，从而达到平滑的视觉效果，如图2-121所示。

图2-121

"地面点"可以用于确定雾效果开始的位置。"地面法线"可以用于设置雾的轴向。默认情况下"地面法线"参数值为（0,1,0）。将"地面法线"设置为（1,0,0）或（0,0,1）时的效果如图2-122所示。

图2-122

案例训练：基础灯光

场景文件　　场景文件＞CH02＞案例训练：基础灯光
实例文件　　实例文件＞CH02＞案例训练：基础灯光
学习目标　　掌握基础灯光的使用方法

　　基础灯光的效果如图2-123所示。

图2-123

1.创建主灯光

01 执行"文件＞打开＞场景文件＞CH02＞案例训练：基础灯光"菜单命令，打开场景文件，如图2-124所示。

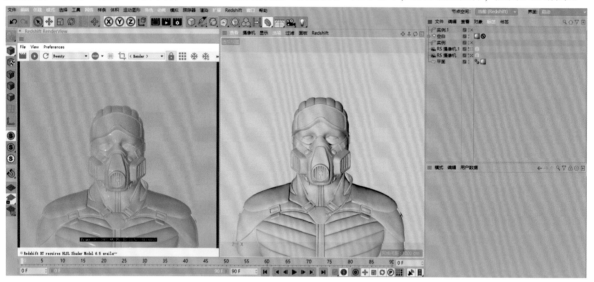

图2-124

02 执行"渲染＞编辑渲染设置"菜单命令，打开"渲染设置"对话框，然后设置"渲染器"为Redshift，如图2-125所示。选择Redshift，选择GI选项卡，然后设置"主GI引擎"为"暴力"，"追踪深度"为4，"次要引擎"为"暴力"，"暴力光线"为8，如图2-126所示。

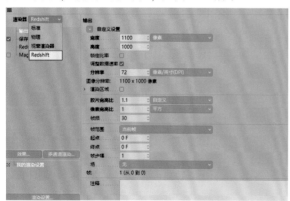

图2-125

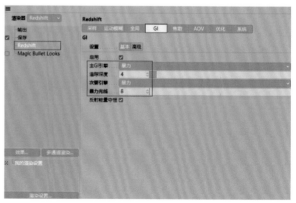

图2-126

03 执行"Redshift>灯光>区域光"菜单命令创建"区域光",如图2-127所示,并将其作为场景的主光源,然后将灯光"强度"设置为10。主光源作为人物图像的主要光源,其位置可以根据需求进行自定义,例如需要在右边产生阴影,那么主光源就应该在左侧约45°的位置,如图2-128所示。效果如图2-129所示。

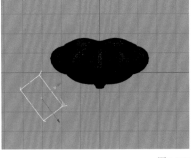

图2-127　　　　　　　　　　　　　　图2-128　　　　　　　　　　　　　　图2-129

2.创建辅助光

01 在图2-129中可以看出右侧偏黑,新建一个"区域光"作为辅助光,设置"强度"为10,如图2-130所示。将光源移动至人物右侧,照亮右侧的黑色区域,如图2-131所示。效果如图2-132所示。

图2-130

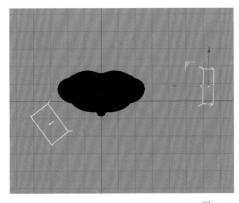

图2-131　　　　　　　　　　　　　　　　　　　图2-132

02 创建两个"区域光"作为侧逆光将人物与背景分离,将光源分别移动至人物的左后侧和右后侧,然后设置"颜色"为蓝色,如图2-133所示。效果如图2-134所示。

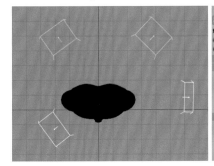

图2-133　　　　　　　　　　　　　　　　　　　图2-134

3.创建背景光

01 执行"Redshift>灯光>聚光灯"菜单命令创建"聚光灯"，将其作为背景光，设置"强度"为750000，"曝光度（EV）"为2，如图2-135所示。将光源移动至人物的背景处，然后设置"颜色"为蓝色，如图2-136所示。效果如图2-137所示。

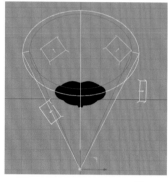

图2-135　　　　　　　　　　图2-136　　　　　　　　　　图2-137

02 执行"Redshift>灯光>HDR"菜单命令创建HDR环境光，在"RS HDR"属性面板的"纹理"中导入GSGHDRI.hdr图像，然后勾选"水平翻转"，接着设置"强度"为2，"曝光度（EV）"为0，"颜色"为蓝色，如图2-138所示。效果如图2-139所示。

图2-138　　　　　　　　　　　　　　　　　　　　　　图2-139

03 执行"Redshift>灯光>区域光"菜单命令创建"区域光"，然后设置"曝光度（EV）"为1，"颜色"为红色，如图2-140所示。移动光源至人物的右侧，照亮黑色区域，如图2-141所示。效果如图2-142所示。

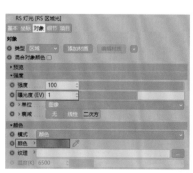
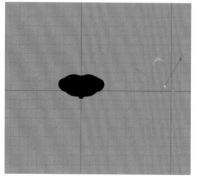

图2-140　　　　　　　　　　图2-141　　　　　　　　　　图2-142

04 此时背景都被红色区域光覆盖了，需要再创建一个"区域光"作为背景蓝色光源。执行"Redshift>灯光>区域光"菜单命令，然后设置"曝光度（EV）"为1，"颜色"为蓝色，如图2-143所示。移动光源至人物的背景左侧，如图2-144所示。最终效果如图2-145所示。

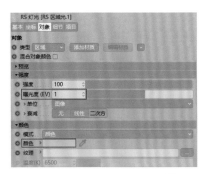
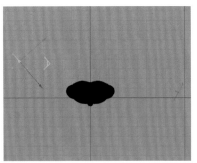

图2-143　　　　　　　　　　　　图2-144　　　　　　　　　　　　图2-145

提示　使用灯光的要点在于了解明暗关系、主次关系。

案例训练：丁达尔场景

场景文件　场景文件 > CH02 > 案例训练：丁达尔场景
实例文件　实例文件 > CH02 > 案例训练：丁达尔场景
学习目标　掌握点光源的使用方法

丁达尔场景的效果如图2-146所示。

图2-146

1.创建主体灯光

01 执行"文件>打开>场景文件>CH02>案例训练：丁达尔场景"菜单命令，打开场景文件，如图2-147所示。

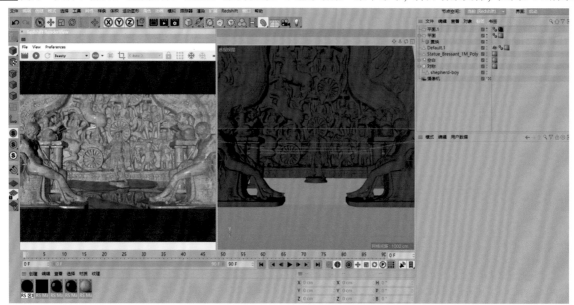

图2-147

02 执行"渲染>编辑渲染设置"菜单命令，打开"渲染设置"对话框，然后设置"渲染器"为Redshift，如图2-148所示。选择Redshift，选择GI选项卡，然后设置"主GI引擎"为"暴力"，"追踪深度"为4，"次要引擎"为"暴力"，"暴力光线"为8，如图2-149所示。

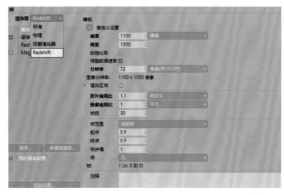

图2-148

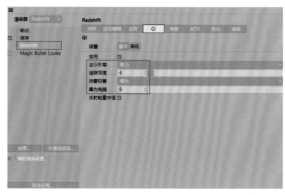

图2-149

03 执行"Redshift>灯光>聚光灯"菜单命令创建"聚光灯"，用于照亮场景中的雕像，然后设置"强度"为280000，"曝光度（EV）"为4，如图2-150所示。效果如图2-151所示。

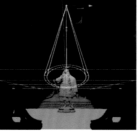

图2-150

图2-151

04 目前雕像的背景偏暗，需要再创建一个"聚光灯"照亮雕像的背景。执行"Redshift＞灯光＞聚光灯"菜单命令创建"聚光灯"，设置"强度"为280000，"曝光度（EV）"为3，如图2-152所示。将光源向下移动一些，使其低于创建的第1个"聚光灯"，如图2-153所示。效果如图2-154所示。

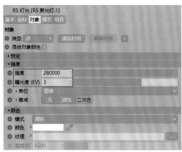 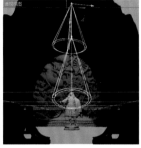 

图2-152   图2-153   图2-154

05 此时整体场景偏暗，执行"Redshift＞灯光＞区域光"菜单命令创建"区域光"，调整"区域光"的大小，使之照亮整个场景，然后设置"强度"为10，如图2-155所示。效果如图2-156所示。

  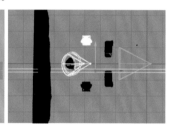

图2-155

图2-156

06 执行"Redshift＞灯光＞点光源"菜单命令创建"点光源"，然后设置"强度"为10000，"曝光度（EV）"为6，并将光源移动至场景的左上角，如图2-157所示。效果如图2-158所示。

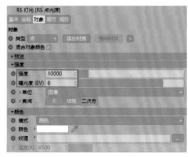 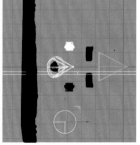 

图2-157   图2-158

07 执行"Redshift＞灯光＞区域光"菜单命令创建"区域光",为主体雕像制作出丁达尔光效,然后设置"强度"为5,"尺寸X"为890cm,"尺寸Y"为1342cm,"扩展"为0.01,并将光源移动至画面的左上角,如图2-159所示。效果如图2-160所示。

图2-159

图2-160

2.制作灯光雾效果

01 执行"Redshift＞对象＞RS环境"菜单命令,在"体积散射"选项卡中设置"散射"为0.02,如图2-161所示。在"RS区域光"属性面板的"细节"选项卡中设置"体积"为0.5,减小雾介质的深度,如图2-162所示。效果如图2-163所示。

图2-161

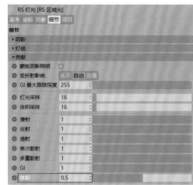

图2-162

体积散射:调节前

体积散射:调节后

图2-163

02 将灯光雾制作出光束的效果，需要通过黑白色的纹理贴图对光线进行遮挡。在"RS区域光"属性面板中单击"添加材质"按钮，如图2-164所示。双击材质球进入节点编辑器，将黑白色的纹理贴图拖曳至节点编辑器中，并输出至"斜坡：渐变"中的Input端口，然后在属性面板中将"渐变"设置为黑、白渐变色，最后将"斜坡：渐变"输出至"物理灯：物理光源"中，如图2-165所示。效果如图2-166所示。

图2-164

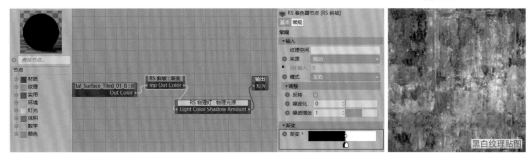

图2-165

图2-166

03 一个"区域光"的光束会显得比较单一，复制两个"区域光"，设置"亮度"为1，如图2-167所示，并移动至不同的位置，让光束产生纵深感。效果如图2-168所示。

图2-167

图2-168

04 执行"渲染＞编辑渲染设置"菜单命令打开"渲染设置"对话框，选择"输出"，设置"宽度"为1000像素，"高度"为1180像素。选择Redshift，设置"渐进通道"为520，"主GI引擎"为"暴力"，"追踪深度"为4，"次要引擎"为"暴力"，"暴力光线"为16，如图2-169所示。最后渲染出的效果如图2-170所示。

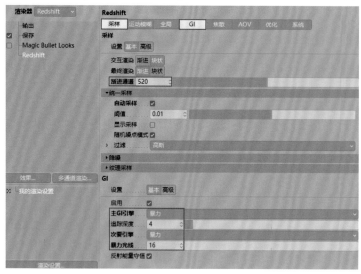

图2-169　　　　　　　　　　　　　　　　　　　　图2-170

3.后期处理

01 将输出的图片导入Photoshop中进行简单的调色。复制"背景"图层，并将图层模式设置为"滤色"，然后将"不透明度"设置为50%，如图2-171所示。复制"背景 副本2"图层，将图层模式设置为"叠加"，如图2-172所示。使用"画笔工具" ✐将光束之外的区域涂抹得暗一些。

图2-171　　　　　图2-172

02 添加"色阶"，然后在"属性"面板中设置中间调为0.87，高光区为240，调整画面的对比度，如图2-173所示。添加"色彩平衡"用于调节"高光""中间调""阴影"，色彩可以根据个人喜好进行调整，如图2-174所示。最终效果如图2-175所示。

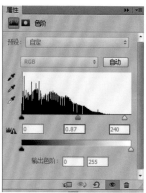

图2-173　　　　　　　　图2-174　　　　　　　　　　　　　图2-175

Redshift For Cinema 4D 渲染实战课

功能教学 + 案例教学

- 54节750分钟功能教学课程 （测试功能+练习视频）
- 14节340分钟案例教学视频（案例教学视频）
- 测试文件+练习文件+案例文件 全赠送

领取方式 >>>>>>>>>>>>>

添加助教即可免费获取

解锁课程后，您将获得

01 功能教学

54 节 740 分钟的软件功能高清视频课程，测试内容全面，演示清晰。本书作者匠心录制，辅助图书，学习效果更佳。

02 案例教学

14 节 340 分钟的案例应用高清视频课程，操作步骤详细，效果还原真实，拓展讲解丰富。

03 测试文件 / 练习文件 / 案例文件

提供全书测试功能、练习工具和案例训练的全部素材文件和成品文件。

04 便捷的学习方式

数艺社在线平台上课，手机、iPad、电脑随想随上，不受终端限制！

快添加助教老师微信，0 元领取视频课程

第**3**章

Redshift 材质编辑器

■ **本章简介**

　　材质是学习渲染器的重要内容之一。Redshift 3.5除了有"通用材质"外，还有"车漆""发光""皮肤""精灵""体积"等材质。虽然相对于Octane材质来说，Redshift材质的学习难度会大一些，但是它们的使用原理相同。

■ **主要内容**

- Redshift通用材质
- Redshift毛发材质
- Redshift精灵材质

- Redshift车漆材质
- Redshift发光材质
- Redshift体积材质

- C4D着色器材质
- Redshift多重色材质
- Redshift标准材质

- Redshift环境材质
- Redshift皮肤材质

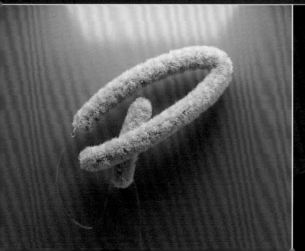

3.1 Redshift通用材质

"通用材质"能够准确地模拟玻璃、金属、塑料、皮肤等材质。创建"通用材质"有以下两种方法。

第1种： 执行"Redshift＞材质＞材质＞通用材质"菜单命令，如图3-1所示。

第2种： 在左下角的"时间轴"面板中执行"创建＞Redshift＞材质＞通用材质"菜单命令，如图3-2所示。

打开"RS通用材质"属性面板后即可设置相关参数，如"漫射""反射""光泽""折射/透明""次表面"等，如图3-3所示。

图3-1　　　　　　　　　　　　图3-2　　　　　　　　　　　　　　　　　　　　　图3-3

3.1.1 预设

"预设"可以定义材质的特性，其中包括"玻璃""水""塑料""金""牛奶\咖啡""玉"等多种预设，如图3-4所示。

图3-4

3.1.2 漫射

"颜色"可以定义直接照明或间接全局照明时的表面颜色，如图3-5所示。这里将"颜色"设置为蓝色，效果如图3-6所示。

图3-5

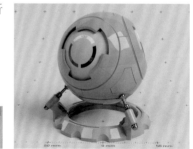

图3-6

除了可以使用单一色外，还可以使用纹理贴图。将木纹贴图拖曳至节点编辑器中，并将其输出至"通用材质"节点的"基础/漫射"中的Diffuse Color，如图3-7所示。效果如图3-8所示。

图3-7　　　　　　　　　　　　　　　图3-8

"强度"用于控制照明时的亮度。当数值为0时，颜色会变为黑色，无任何漫射效果；当数值为1时，颜色正常，如图3-9所示。

图3-9

"粗糙度"用于控制照明时的粗糙度，常用于模拟无光泽或较为粗糙的表面。当数值为0时，表面光滑；当数值为1时，表面粗糙，如图3-10所示。

图3-10

3.1.3 背光/半透明

"背光/半透明"常用于模拟半透明的材质，如纸张、树叶等，也可以用于模拟虚假的次表面散射效果，如图3-11所示。

"颜色"用于控制物体背面的颜色。当"颜色"为黑色时，光线将无法穿透表面；当颜色为其他颜色时，光线能够穿透表面，产生半透明效果，如图3-12所示。

图3-11

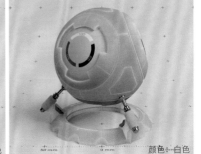

图3-12

使用"强度"可以控制物体背面的光照强度。数值越大，光线穿透性越强；数值越小，光线穿透性越弱，如图3-13所示。

图3-13

3.1.4 反射

材质具有一定的反射效果，"反射"的相关参数如图3-14所示。

图3-14

当"颜色"为白色时，表现为正常的物理反射；当"颜色"为黑色时，表示消除反射，只保留漫射；当"颜色"为其他颜色时，可以控制反射的颜色，如图3-15所示。

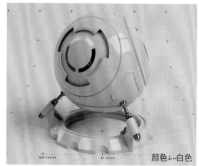

图3-15

"强度"可用于控制反射强度。数值越大，反射越强；数值越小，反射越弱，如图3-16所示。

图3-16

"粗糙度"用于控制表面的粗糙度。"粗糙度"为0时，表面干净、光滑；"粗糙度"大于0时，表面会产生磨砂效果，如图3-17所示。将黑白纹理贴图输出至"通用材质"节点中的Refl Roughness端口时，可以增强反射细节，如图3-18所示。当"粗糙度"大于0时，需要更多的"采样"才能获得清晰的磨砂效果，且渲染时间较长。

图3-17

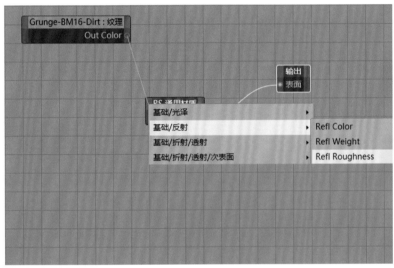

图3-18

"反射模式"中有Beckmann(Cook-Torrance)、GGX和Ashikhmin-Shirley这3种模式，效果如图3-19所示。Beckmann是一种基于物理属性的标准反射模式，适用于绝大多数的材料。GGX对于高光与暗部有较好的衰减效果，适合模拟铬等金属材料。Ashikhmin-Shirley适用于所有类型的材料，其渲染出来的表面无噪点。

图3-19

使用"各向异性"可以模拟拉丝金属效果。通过设置"各向异性"和"旋转"参数值可以对反射进行x轴或y轴上的拉伸，不同数值下的效果如图3-20所示。

图3-20

"菲尼尔模式"中共有4种类型，分别是"折射率（高级）""颜色＋边缘色""金属度""折射率"，如图3-21所示。

图3-21

折射率（高级）

"折射率（高级）"又称IOR值，数值范围为1～3，如图3-22所示。当"折射率"为1时，表面无反射。"折射率"数值越大，表面反射效果越强烈，如图3-23所示。

图3-22

图3-23

"吸收度（K）"有红色、绿色、蓝色3个通道，不同材质的表现效果如图3-24所示。

图3-24

颜色＋边缘色

"金属感"通过黑白色来控制反射率的强度。"金属感"为黑色时，表示不产生反射；"金属感"为白色时，表示金属颜色；"金属感"为其他颜色时，表现出相应的材质颜色，如图3-25所示。RGB颜色值可以控制不同金属的颜色，如黄金、铜、铝等。

图3-25

使用"金属边缘色"添加颜色后，在原有的表面边缘添加反射效果，可获得完美的镜面反射效果。图3-26所示的是"金属边缘色"分别为黑色和红色时的效果。

金属度

使用"反射率"可以设置反射的强弱程度和不同颜色的金属质感，如图3-27所示。

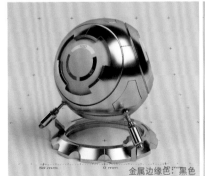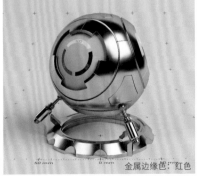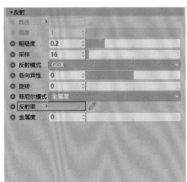

图3-26

图3-27

"金属度"用于控制反射的强弱程度。"金属度"的数值越小，金属的反射效果越弱；"金属度"的数值越大，金属的反射效果越强，如图3-28所示。当"金属度"为1时，金属颜色可以通过"漫射"中的"颜色"进行调节，如图3-29所示。

图3-28　　　　　　　　　　　　　　　　　　图3-29

"折射率"的数值越大，反射效果越强，如图3-30所示。金属颜色可以通过"反射"中的"颜色"进行调节，如图3-31所示。

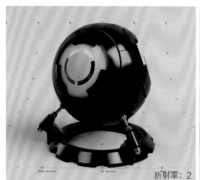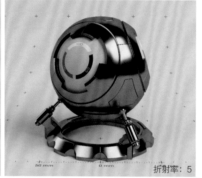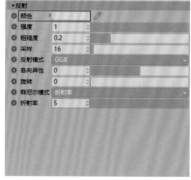

图3-30　　　　　　　　　　　　　　　　　　图3-31

3.1.5 光泽

"光泽"可以用于模拟天鹅绒、丝绸等织物，能够在物体边缘产生柔和的反向散射效果，如图3-32所示。

使用"颜色"可以调整反向散射表面的光泽度和色调。当"颜色"分别为白色和黄色的效果如图3-33所示。

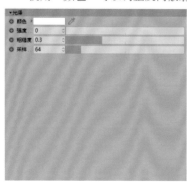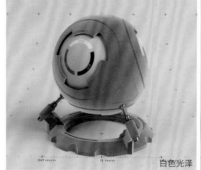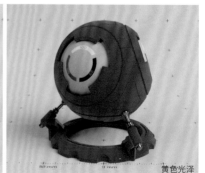

图3-32　　　　　　　　　　　　　　　　　　图3-33

"强度"可用于调整反向散射表面的光泽度和色调的强弱。当"强度"为0时，表面无光泽效果。"强度"的数值越大，表面的光泽度越强，如图3-34所示。

图3-34

使用"粗糙度"可以控制反向散射表面的柔和范围。数值越大，反向散射表面的柔和范围越大；数值越小，反向散射表面的柔和范围越小，如图3-35所示。

图3-35

3.1.6 折射/透射

当光照射到透明或半透明的物体表面时，一部分光会被反射，一部分光会被吸收，还有一部分光可以透射穿过。"透射"是入射光经过折射并穿过物体后产生的光线效果，例如玻璃、水、钻石、滤色片等物体就具有这样的特性。"折射/透射"的相关参数如图3-36所示。

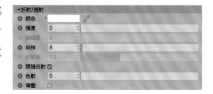

图3-36

使用"颜色"可以调整透明物体的折射色调。图3-37所示的是"颜色"分别为白色、绿色和蓝色时的效果。

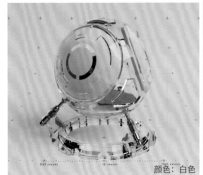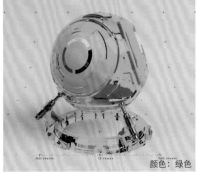

图3-37

"强度"可以用于调整折射色调的强弱程度。当数值为0时，无折射效果。数值越大，折射效果越强烈，如图3-38所示。

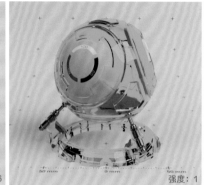

图3-38

"粗糙度"在"跟随反射"处于未勾选状态时才能使用。当无法使用"粗糙度"时，可以使用"反射"中的"粗糙度"来制作效果，如图3-39所示。"粗糙度"为0、0.2和0.5时的效果如图3-40所示。

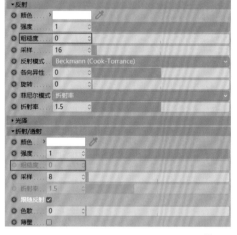

图3-39

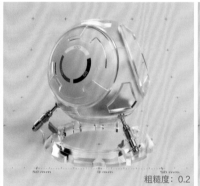

图3-40

当"粗糙度"大于0时，需要使用"采样"渲染清晰的磨砂效果。"折射率"决定了折射光线的弯曲程度。当"折射率"为1时，表示没有光线弯曲。同样，在勾选"跟随反射"时，无法使用"折射率"，需要通过设置"反射"中的"折射率"来制作效果，如图3-41所示。"折射率"分别为1.333、1.434和2.412时的效果如图3-42所示。

图3-41

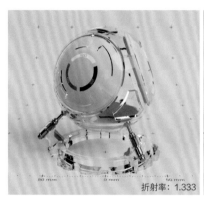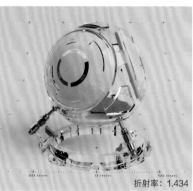

折射率: 1.333 折射率: 1.434 折射率: 2.412

图3-42

"色散"用于控制红光、绿光和蓝光对于色散彩虹效果的分离程度。数值越小，色散分离程度越大；数值越大，色散分离程度越小，如图3-43所示。

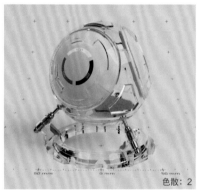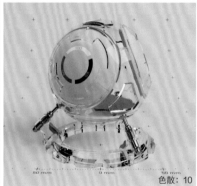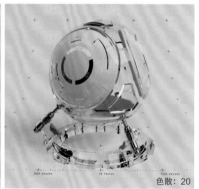

色散: 2 色散: 10 色散: 20

图3-43

"薄壁"适用于较薄的折射材料，如玻璃片、气泡、透明塑料袋等。勾选后，光线在进入并离开介质的整个过程中不会弯曲，如图3-44所示。

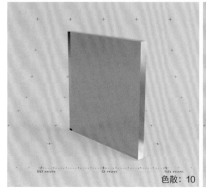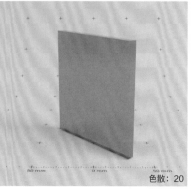

色散: 10 色散: 20

图3-44

3.1.7 次表面

"次表面"可用于表现透射光线穿过介质时产生的影响。"次表面"的相关参数如图3-45所示。其中"衰减单位"中包含"透光"和"光衰减"两种模式。

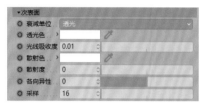

图3-45

1.透光

"透光"本质上是次表面颜色，颜色越深，材料越密集。

"透光色"用于表现光的吸收效果。当"透光色"为黑色时，光线会被完全吸收；当"透光色"为白色时，光线将直接通过而不会被吸收，如图3-46所示。

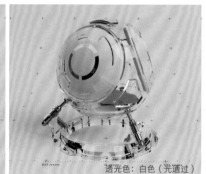

图3-46

当"光线吸收度"为0时，表示没有吸收光线。数值越大，吸收光线的强度越大，如图3-47所示。

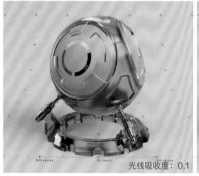
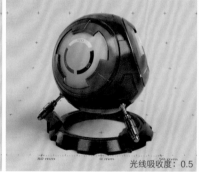
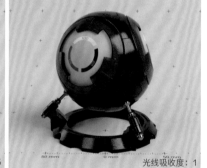

图3-47

"散射色"和"散射度"可用于控制红色、绿色和蓝色通道的散射强度，不同数值下的效果如图3-48所示。

图3-48

"各向异性"可用于控制光线向前和向后散射的效果。当"各向异性"的数值为0～1时，表示光线将从光源开始散射；当"各向异性"的数值为-1～0时，表示光线将散射返回光源。图3-49所示的是"各向异性"分别为0、7和-7时的效果。

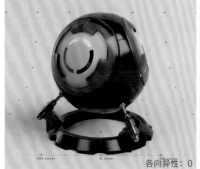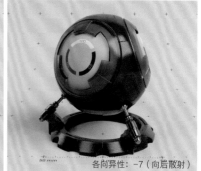

各向异性: 0　　　　　　　　各向异性: 7（向前散射）　　　　　　各向异性: -7（向后散射）

图3-49

"采样"用于控制单条散射射线的最大样本数。样本越多，单次散射噪点就越少。

2.光衰减

"光衰减"用于表现光被吸收和光散射引起的次表面衰减效应。此模式可以灵活地控制散射强度，相关参数如图3-50所示。

"衰减系数"可以用于设置次表面的衰减颜色。当"衰减系数"为黑色时，表示光线将直接通过而不会被吸收；当"衰减系数"为白色时，表示光线被完全吸收，如图3-51所示。如果需要设置精确的颜色数值，需要通过互补色来完成，如图3-52所示。

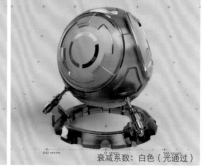

衰减系数：黑色（光被吸收）　　　　　　衰减系数：白色（光通过）

图3-50　　　　　　　　　　　　　　　　　　　　　　　　　　图3-51

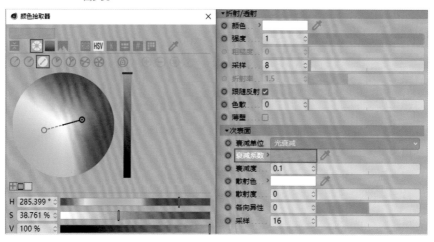

图3-52

"衰减度"用于控制光被吸收和光散射引起的衰减效果的强度。当数值为0时，表示无衰减效果。数值越大，衰减效果越强烈，如图3-53所示。

图3-53

"散射色"用于控制光散射时的颜色。"散射度"用于控制散射效果的强弱程度，数值越大，散射效果越强烈，如图3-54所示。

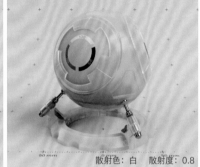

图3-54

3.1.8 次表面多次散射

除了次表面单次散射外，Redshift通用材质还支持多次散射。多次散射意味着散射光在介质内部经过多次反弹，其产生的效果比单次散射产生的效果更柔和。"次表面多次散射"的相关参数如图3-55所示。

1.常规

"次表面多次散射"的基底颜色可以在"基础"选项卡的"漫射"中设置，而散射强度可以通过"散射量"进行设置，如图3-56所示。当"散射量"为0时，材质只有漫射，没有次表面散射；当"散射量"为1时，材质将产生次表面散射，并与漫射颜色产生混合效果，如图3-57所示。

图3-55

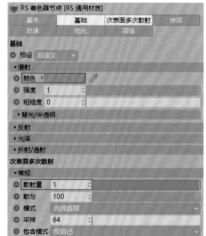

图3-56

图3-57

"散匀"控制着散射效果的软硬程度。当"散匀"为0时，表示没有散射效果。数值越大，产生的散射效果越柔和；数值越小，产生的散射效果越坚硬，如图3-58所示。

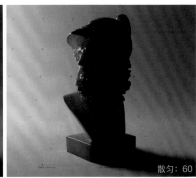

图3-58

"模式"中包含"基于点"和"光线追踪"两种模式，如图3-59所示。"基于点"模式的渲染速度快，噪点少，但是不能进行实时渲染预览，动画会出现闪烁。"光线追踪"模式计算精准，可以进行实时渲染预览，动画不会出现闪烁，但是噪点较多，需要加大"采样"值进行渲染。

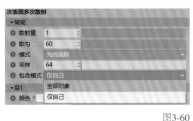

图3-59

"采样"控制着多个子表面散射光线投射的样本数量。数值越大，噪点越少，但渲染时间会越长。"包含模式"中有两种模式，即"全部对象"和"仅自己"，如图3-60所示，用于控制次表面多次散射对象穿插时是否相互融合。图3-61所示的是"仅自己"和"全部对象"模式下的效果。

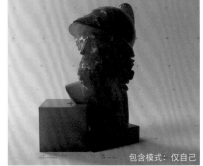

图3-60

图3-61

2.层

"次表面多次散射"中包含3个层，可以分别在3个层内控制光在次表面内传播时的散射颜色。图3-62所示的是不同层的次表面散射颜色效果。

图3-62

"强度"为0时，表示关闭层；"强度"为1时，表示开启层，如图3-63所示。"散匀"控制着光线穿过物体的距离，数值越大产生的效果越柔和，越接近半透明效果，如图3-64所示。分别将"层1""层2""层3"的"颜色"设置为黄色、绿色和红色，混合后的效果如图3-65所示。

图3-63

图3-64   图3-65

3.1.9 涂层

"涂层"可以用于设置外表面材料，如划痕、水珠或不完美的油漆光滑面，其相关参数如图3-66所示。

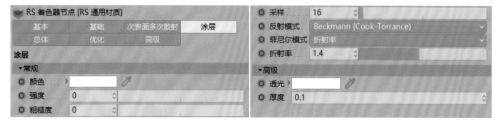

图3-66

1.常规

"颜色"控制着反射色调，可以根据需求更改颜色。"强度"控制着"涂层"的开启与关闭，当数值为1时，表示开启"涂层"，如图3-67所示。图3-68所示的是关闭"涂层"与开启"涂层"时的效果。

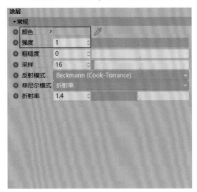

图3-67 图3-68

> **提示** "通用材质"的"反射"与"涂层"中的"反射"产生的效果是相同的。当光线照射到材料时，第1层是"涂层"，然后是"反射"层，它们的优先级不同。

2.高级

"透光"可以用于调整材料的整体颜色，白色表示没有透光效果。"厚度"控制着"涂层"的颜色深度。数值越小，颜色越浅；数值越大，颜色越深，如图3-69所示。

图3-69

可以给"涂层"添加"凹凸贴图"节点，以便获得更多的涂层细节。将纹理贴图拖曳至节点编辑器中，并输出给"凹凸贴图"节点，如图3-70所示。效果如图3-71所示。

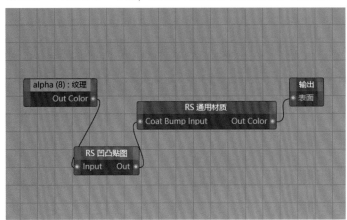
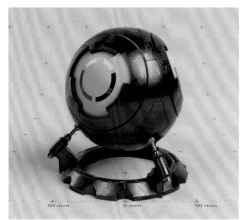

图3-70 图3-71

3.1.10 总体

"整体颜色"可以用于对整体材质进行着色，并屏蔽材质的基础颜色，如图3-72所示。例如将基础颜色为紫色的材质的"整体颜色"设置为红色，效果如图3-73所示。

图3-72   图3-73

"透明度"可以用于设置对象的透明度，可以将其理解成Alpha通道，通过黑白贴图进行使用，如图3-74所示。"透明度"为黑色时，对象是透明的；"透明度"为白色时，对象不是透明的，如图3-75所示。

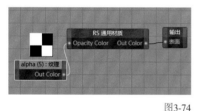

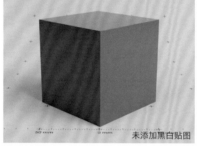

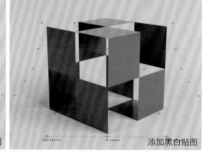

图3-74   图3-75

"发光色"可以用于设置发光材质球的发光颜色，如图3-76所示。"发光强度"为0时，表示禁用发光。"发光强度"数值越大，发光颜色越亮，如图3-77所示。

图3-76

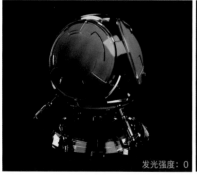

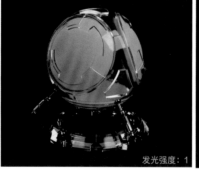

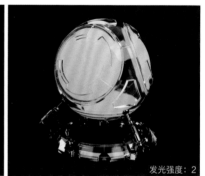

图3-77

3.1.11 优化

"优化"可以用于微调材质"反射"和"折射"的最大或最小跟踪深度，如图3-78所示。

执行"Redshift>材质>材质>通用材质"菜单命令，然后在"RS通用材质"属性面板中设置"漫射"的"强度"为0，"反射"的"折射率"为0，如图3-79所示，并将该材质赋给平面，效果如图3-80所示。

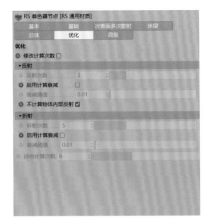

图3-78 图3-79 图3-80

"反射次数"控制着材质反射光线的跟踪深度，如图3-81所示。数值越大，反射次数越多，如图3-82所示。

图3-81

图3-82

在"高级"选项卡中，如果"反射端颜色"是"漫射"，那么反射的最终效果是黑色的，如图3-83所示。将"反射端颜色"修改为"环境"，如图3-84所示，那么反射的最终效果是无限的，效果如图3-85所示。

图3-83 图3-84 图3-85

"不计算物体内部反射"可以防止光线被困在玻璃物体内部。勾选后会关闭对象内部的反射光线，取消勾选后会开启对象内部的反射光线，如图3-86所示。

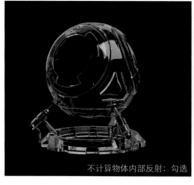

图3-86

> **提示** 默认情况下会勾选"不计算物体内部反射"以提高渲染速度，因为玻璃材质的光线反射是在表面与内部进行的，所以在制作时需要取消勾选"不计算物体内部反射"。

"折射次数"控制着材质折射光线的跟踪深度，如图3-87所示。数值越大，折射次数越多，如图3-88所示。

图3-87

图3-88

3.1.12 高级

"高级"可以独立控制直接照明与间接照明光线对材料"漫射""反射""涂层""光泽""折射""各向异性"的影响，其相关参数如图3-89所示。

图3-89

直接照明是指光线正对着物体产生的照明，间接照明是指光线与环境的GI反弹所产生的照明。以"漫射"为例，当"间接光的影响"为1时，表示启用间接照明；当"间接光的影响"为0时，表示关闭间接照明，如图3-90所示，效果如图3-91所示。

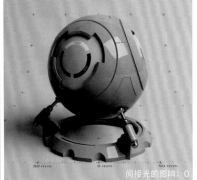

间接光的影响：1   间接光的影响：0

图3-90

图3-91

3.2 Redshift车漆材质

"车漆"材质可以模拟大多数类型汽车油漆的物理特性。"车漆"材质在建模时通常会分为3个独立的层，包括底色颜料层、金属亮片层和具有光泽度的蜡层。

执行"Redshift＞材质＞材质＞车漆"菜单命令，创建"车漆"材质，如图3-92所示。其属性面板如图3-93所示。

图3-92

图3-93

3.2.1 底色层漫射

"底色层漫射"用于设置油漆底层的颜料颜色，如图3-94所示。

1.基础设置

"底色"用于设置车漆底层的颜色，属于金属薄片的基层颜色，正常情况下是无法看到的，如图3-95所示。

图3-94

底色小红色   底色小绿色   底色小蓝色

图3-95

"强度"可以用于设置底层颜色的明暗度。数值越大，颜色越亮；数值越小，颜色越暗。通常情况下数值要小于1，效果如图3-96所示。

图3-96

2.边缘衰减

设置"颜色"时会产生菲尼尔效应，物体边缘会呈现出颜色，如图3-97所示。

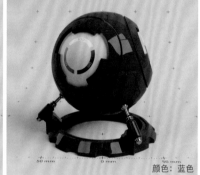

图3-97

"范围缩减"可用于控制边缘羽化效果。数值越小，边缘羽化效果越强；数值越大，边缘羽化效果越弱，效果如图3-98所示。0表示没有边缘颜色。

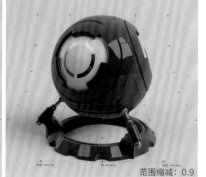

图3-98

3.2.2 底色层高光

"底色层高光"用于设置油漆底层的颜料镜面反射，如图3-99所示。

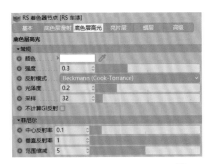

图3-99

1.常规

使用"颜色"可以设置底层的镜面反射颜色，越接近底层颜色，效果越真实。图3-100所示的是"颜色"分别为红色、绿色和蓝色时的效果。

图3-100

"强度"可用于设置镜面反射颜色的明暗程度。数值越大，反射效果越强；数值越小，反射效果越弱。通常情况下该数值应该小于1，不同"强度"值的效果如图3-101所示。

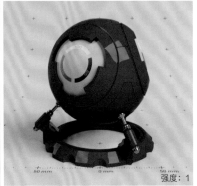

图3-101

"反射模式"可以模拟物理性质的反射效果，通常会使用GGX模式模拟较宽的镜面反射效果，如图3-102所示。

图3-102

"光泽度"的数值越小，反射效果越模糊，效果如图3-103所示。

光泽度：0.5　　　光泽度：0.75　　　光泽度：1

图3-103

"采样"可以控制光泽度所需的光线追踪样本数量。反射效果模糊时，需要使用更多的样本消除噪点，其渲染时间也会更长。勾选"不计算GI反射"时将禁用环境的间接反射光线追踪，仅捕捉灯光的镜面反射。

2.菲尼尔

从正面观察时，"中心反射率"可以控制反射的强度，参数值范围为0~1，如图3-104所示。不同数值下的对比效果如图3-105所示。

图3-104

中心反射率：0　　　中心反射率：0.5　　　中心反射率：1

图3-105

当从侧面观看时，"垂直反射率"可以控制反射强度。"范围缩减"用于控制中心和垂直反射强度之间的转换，默认情况下参数值设置为5。

3.2.3 亮片层

"亮片层"可以将金属亮片嵌入颜料层内，其相关参数如图3-106所示。

1.常规

"强度"可以控制是否启用金属亮片。数值为0时，表示禁用；数值为1时，表示启用，效果如图3-107所示。

图3-106 　　　　　　　　　　　　　　　　　　　　　　　　　图3-107

2.控制

　　"密度"的数值越小，金属亮片的密度越小；数值越大，金属亮片的密度越大，如图3-108所示。图3-109所示的是"密度"分别为0.1、0.4和1时的效果。

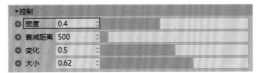

图3-108

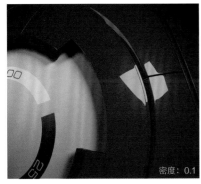
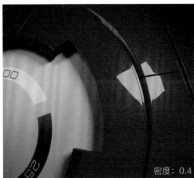

图3-109

　　"衰减距离"可以控制可见金属亮片的衰减距离。数值为0时，表示金属亮片始终可见，无衰减距离。图3-110所示的是"衰减距离"分别为0、100和200时的效果。

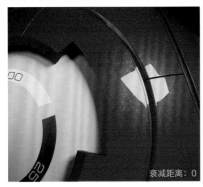

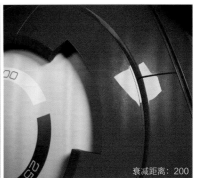

图3-110

"变化"控制着金属亮片的亮度。数值越大，金属亮片越明显，如图3-111所示。

图3-111

"大小"控制着金属亮片的大小。数值越小，效果越真实，如图3-112所示。

图3-112

3.2.4 蜡层

"蜡层"可以用于设置颜料外的高亮反射效果，如图3-113所示。

"强度"可用于设置颜料外的反射强度。当数值为0时，无反射效果；数值为1时，反射效果较强。不同数值下的效果如图3-114所示。

图3-113

图3-114

3.3 C4D着色器材质

Cinema 4D中的默认材质有着清晰的纹理。Cinema 4D中的默认材质不能在Redshift渲染器中直接使用，需要通过Cinema 4D着色器进行桥接转换。

执行"Redshift>材质>材质>C4D着色器"菜单命令，打开"RS着色图表 - RS C4D着色器"对话框，如图3-115所示。

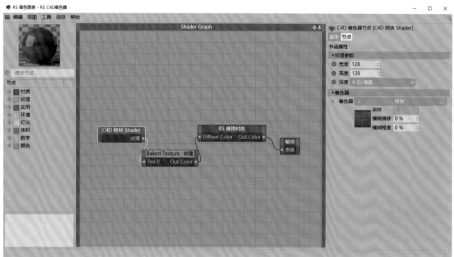

图3-115

默认情况下会自动添加"C4D砖块Shader""Baked Texture：纹理""通用材质"等节点，如图3-116所示。在"C4D砖块 Shader"属性面板中可以设置"纹理参数"和"着色器"的相关参数。

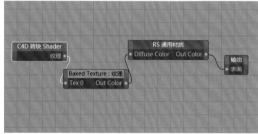

图3-116

3.3.1 纹理参数

"纹理参数"可用于设置Cinema 4D贴图的大小，如图3-117所示。"宽度"和"高度"的比例越大，贴图越密集；"宽度"和"高度"的比例越小，贴图越松散，如图3-118所示。

图3-117

宽、高比例：100

宽、高比例：500

图3-118

3.3.2 着色器

"着色器"可用于修改Cinema 4D表面纹理贴图的类型，包括"噪波""渐变""木材""平铺""棋盘"等，如图3-119所示。其中"平铺"和"木材"的贴图效果如图3-120所示。

图3-119

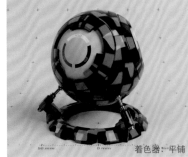

着色器："平铺"

着色器："木材"

图3-120

3.4 Redshift环境材质

Redshift的"环境"功能与HDR的灯光功能的相同点是用于创建HDR环境，不同点是HDR的灯光功能是以灯光的方式进行环境创建的，而Redshift的"环境"功能是以材质的方式进行环境创建的。

01 执行"Redshift>材质>材质>环境"菜单命令，创建"环镜"材质，如图3-121所示。

02 在"RS环境"属性面板中单击"路径"右侧的 ━ 按钮，选择HDR贴图，如图3-122所示。

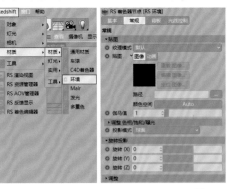

图3-121

图3-122

03 使用Redshift的"环境"材质时，并非是将其直接赋予模型，而是需要在"渲染设置"对话框中选择Redshift，然后在"全局"选项卡下选择"高级"，接着将"默认环境"设置为"RS环境"，如图3-123所示。

> **提示** "RS环境"属性面板主要用于设置材质的位置、角度和颜色等，与灯光HDR属性相同。

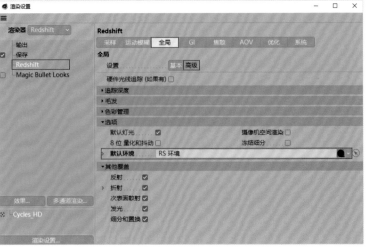

图3-123

3.5 Redshift毛发材质

Redshift毛发材质是一种基于物理属性的真实毛发着色器，可以快速地模拟人物头发等。

3.5.1 毛发分类

执行"Redshift>材质>材质>Mair"菜单命令，创建毛发材质，如图3-124所示。

图3-125所示的①代表Cinema 4D的默认毛发，②代表Redshift毛发。如果要使用Redshift毛发，启用"毛发"节点属性，需要将Cinema 4D毛发节点删除。

图3-124

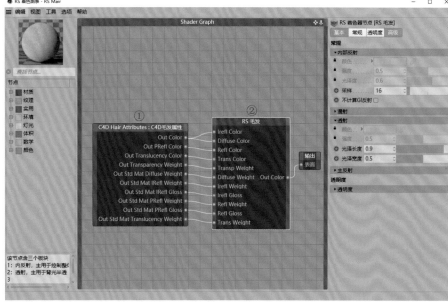

图3-125

使用Redshift毛发时，可以在"RS毛发"属性面板中调节"内部反射""漫射""透射"等相关参数。Cinema 4D的默认毛发可调节毛发形态，如集束、卷曲、粗细等。注意，在赋予材质时不要将Cinema 4D的默认毛发替换掉，如图3-126所示。

图3-126

3.5.2 漫射

"漫射"中包含"颜色""强度""半透明强度"3个参数，如图3-127所示。"颜色"可用于设置毛发的颜色，"强度"可用于控制颜色的明暗度，"半透明强度"可以用于控制毛发的透明度。图3-128所示的是"颜色"分别为白色和蓝色的效果。

图3-127

颜色：白色

颜色：蓝色

图3-128

3.5.3 内部反射

"内部反射"可以改变毛发整体颜色的反射亮度，如图3-129所示。图3-130所示的是"强度"分别为0和1时的效果。

图3-129

图3-130

3.5.4 透射

"透射"可以控制毛发整体的透光性。其中，"强度"可以控制透光的明显程度，"光泽长度"和"光泽宽度"可以控制透光的长度和宽度，如图3-131所示。将"颜色"分别设置为蓝色和绿色时的效果如图3-132所示。

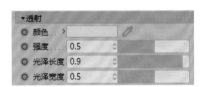

图3-131

图3-132

3.5.5 主反射

使用"主反射"可以控制毛发整体的反射效果。其中，"强度"值的范围为0.1~0.5，勾选"启用菲尼尔"可以减少反射面积，如图3-133所示。图3-134所示的是"颜色"分别为蓝色和红色时的效果。

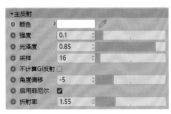

图3-133

图3-134

3.5.6 透明度

当"透明度"的"颜色"为黑色时，表示没有透明效果；"颜色"为白色时，表示有透明效果，如图3-135所示。

图3-135

在"RS毛发"属性面板中调整了"颜色"后,打开Cinema 4D默认毛发,并勾选"粗细""长度""比例""卷发""集束""卷曲",如图3-136所示,就可以得到更为细致的效果。效果如图3-137所示。

图3-136　　　　　　　　　　　　　　　　　　　　　　　　图3-137

3.6 Redshift发光材质

Redshift的"发光"材质与"区域光"相似,可以指定任何物体发光,不同之处在于"发光"材质只在全局照明中产生作用。

3.6.1 表面

在"表面"中可以通过"颜色"和"色温"设置发光色,如图3-138所示。"颜色"可以直接设置发光色。而"色温"是以温度值来设置颜色的,范围为1667K~25000K。"色温"的数值越小,颜色越接近光谱中的红色端;数值越大,颜色越接近光谱中的蓝色端,如图3-139所示。

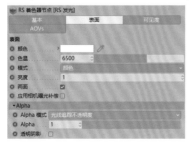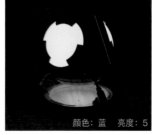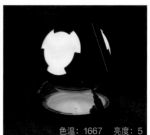

图3-138　　　　　　　　　　　　　　　　　　　　　　　　图3-139

3.6.2 Alpha

"Alpha模式"中包含"替换""光线追踪不透明度"两种创建Alpha通道的模式，如图3-140所示。

图3-140

3.6.3 可见度

"可见度"可以控制发光材质对其他物体所产生的反射、折射和GI光线的强度，如图3-141所示。

图3-141

3.7 Redshift多重色材质

Redshift的"多重色"材质可以添加纹理编号，以创建更多类型的贴图。"多重色"材质支持Cinema 4D着色器程序纹理，并融合了"运动图形ID"和"粒子"，可以更好地切换多层纹理。

3.7.1 着色器

执行"Redshift>材质>材质>多重色"菜单命令，创建"多重色"材质，如图3-142所示。

图3-142

在"RS多重着色器"属性面板的"着色器"中可以增加纹理数量，并且可以快速地提取纹理信息，如图3-143所示。当"数量"为0和1时效果如图3-144所示。

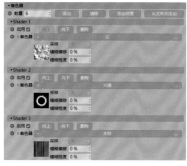

图3-143

数量：0

数量：1

图3-144

3.7.2 值

在"值"中可以将"来源"设置为"值""动运图形ID""对象""几何体""粒子"等，以更好地将多层着色应用到对象上，同时可以通过"着色器烘焙"修改纹理的"宽度""高度""深度"，如图3-145所示。图3-146所示是将"来源"设置为"值"和"动运图形ID"的效果。

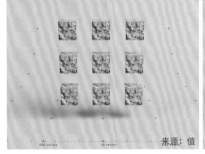

图3-145

图3-146

3.8 Redshift皮肤材质

Redshift的"皮肤"材质可用于模拟皮肤的散射效果。在现实生活中，皮肤是由3个不同的层组成的，即表皮层、真皮层、皮下组织。

01 执行"Redshift＞材质＞材质＞皮肤"菜单命令，创建"皮肤"材质，如图3-147所示。其属性面板如图3-148所示。其中，可以使用"主反射"来模拟表皮层的油性特性，可以使用"次级反射"增强油的光泽度。

02 将人物表皮纹理贴图拖曳至节点编辑器中，并输出至"皮肤"节点，用于模拟皮肤的表皮，如图3-149所示。添加表皮前后的对比效果如图3-150所示。

图3-147

图3-148

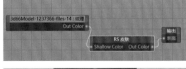

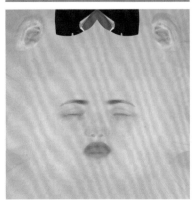

图3-149

图3-150

3.8.1 散射层

在"散射层"选项卡中可以对所有散射层进行整体设置，也可以对浅、中、深3个次表面散射层进行单独设置。

1.常规

"散匀"控制着所有图层的散射效果。数值越小，散射光被吸收的速度越快，会产生更分散的外观；数值较大时，会产生半透明的外观，如图3-151所示。

图3-151

使用"通透性"可以调整所有散射层的整体亮度。数值为0时，没有亮度。数值越大，亮度越明显，如图3-152所示。

图3-152

"扩散程度"的数值为0时，表面只有次表面散射；当数值大于0时，表面的次表面散射效果将会减弱，如图3-153所示。

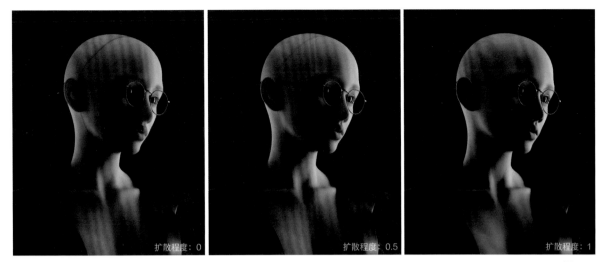

图3-153

未勾选"标准化扩散强度"时，所得到的效果较亮，这种效果是不真实的，如图3-154所示。

2.浅/中/深散射

"RS皮肤"属性面板中有3个重要的半透明次表面散射层，如图3-155所示。综合的散射效果是融合这3个次表面散射层得到的，如图3-156所示。

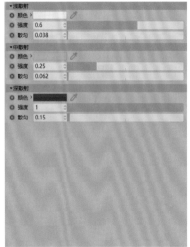

图3-154

图3-155

图3-156

重要参数介绍

浅散射：设置皮肤的色素或肤色。

中散射：设置真皮层。

深散射：设置较厚的皮下组织。

当3个次表面散射层输出至"皮肤"节点中后，会发现人物皮肤泛白没有血色，如图3-157所示。由于浅、中、深这3个散射层分别代表着3种不同的颜色，因此需要使用"颜色偏差"节点来修改"浅散射""中散射""深散射"的颜色，如图3-158所示。效果如图3-159所示。

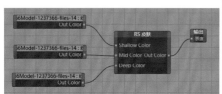

图3-157

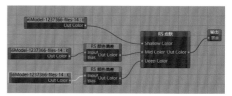

图3-158

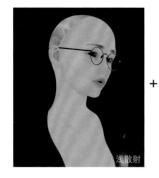 +  + 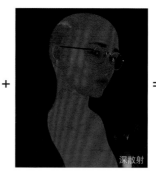 =

图3-159

目前整体颜色偏红，需要调整"浅散射""中散射""深散射"中的"强度"和"散匀"参数值，调整前后的效果如图3-160所示。

图3-160

3.8.2 反射

"反射"可以用于设置"主反射"和"次级反射"的光泽度等,如图3-161所示。当"光泽度"为1时,表面光滑,反射效果较强;当"光泽度"为0时,表面粗糙,反射效果较弱。

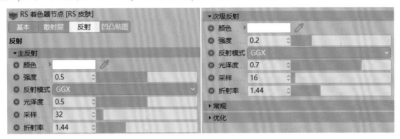

图3-161

3.8.3 凹凸贴图

"凹凸贴图"可以通过黑白贴图或法线贴图来增强皮肤的细节。将纹理贴图拖曳至节点编辑器中,并输出至"凹凸贴图"节点,然后将"凹凸贴图"节点输出至"皮肤"节点中的Bump Input端口,如图3-162所示。前后对比效果如图3-163所示。

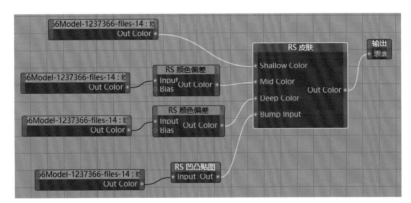

图3-162

图3-163

3.9 Redshift精灵材质

Redshift的"精灵"材质可以使用纹理来设置完全透明的表面。例如树上的叶子就可以通过黑白纹理来制作，而且不会占用大量内存资源。

01 执行"Redshift＞材质＞材质＞精灵"菜单命令，创建"精灵"材质，如图3-164所示。其属性面板如图3-165所示。

02 在节点编辑器中将"通用材质"节点输出至"精灵"节点中的Input端口，如图3-166所示。将树叶纹理贴图拖曳至节点编辑器中，并输出至"通用材质"节点中的Diffuse Color端口，如图3-167所示。

图3-164

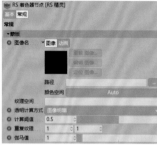

图3-165

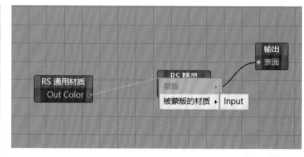

图3-166

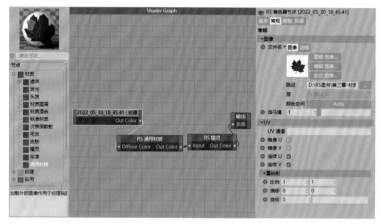

图3-167

03 选择"精灵"节点进入"RS精灵"属性面板，在路径中导入树叶纹理贴图，如图3-168所示。效果如图3-169所示。

图3-168

图3-169

"计算阈值"可以用于处理制作透明效果时树叶产生的白边。数值越大，处理白边的效果越好；数值越小，白边越明显，如图3-170所示。

计算阈值: 0　　　　　　　计算阈值: 0.5　　　　　　计算阈值: 0.9

图3-170

> **提示** 使用"通用材质"制作透明表面时是无法处理白边的，且数量越多越需要大量的内存资源进行计算，从而会影响渲染速度。而"精灵"材质可以快速地处理白边，并且不会占用大量内存资源，渲染速度快。

3.10 Redshift体积材质

Redshift的"体积"材质可用于渲染云彩、烟、火等OpenVDB体积对象，并且可以支持ExplosiaFX、FumeFX、TurbulenceFD烟火插件和Cinema 4D体积生成。

3.10.1 OpenVDB加载方法

执行"Redshift>对象>RS体积"菜单命令，创建"体积"材质，如图3-171所示。在"RS体积"属性面板的"路径"中导入VDB文件，如图3-172所示，无论是单帧还是动画都只需要导入第1个文件。此时属性面板如图3-173所示。

图3-171　　　　　　图3-172　　　　　　图3-173

在"RS体积"属性面板的"基础"选项卡中设置"通道"为"体积载入"中的density，如图3-174所示，这样才能对VDB文件进行渲染。效果如图3-175所示。

图3-174

图3-175

"RS体积"着色器是通过"漫射""吸收""发光"这3个着色组件来模拟效果的。可以将它们简单地理解为散射、透明度和自发光。"漫射"中的"明度"可以控制OpenVDB体积的明暗度，如图3-176所示，数值越大，体积越亮；数值越小，体积越暗，效果如图3-177所示。

图3-176

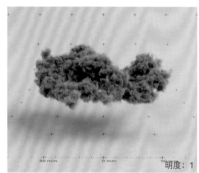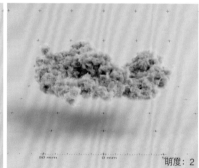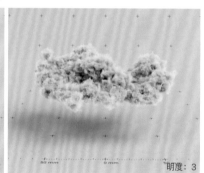

图3-177

在"漫射"中可以使用"颜色"设置单一色，也可以使用"明度重映射"设置渐变色，如图3-178所示。

"吸收"中的"吸收度"可以控制吸收光线的效果，如图3-179所示。数值越大，吸收效果越好，体积越厚；数值越小，吸收效果越差，体积越薄，如图3-180所示。"吸收"中的"颜色"和"吸收度重映射"与"漫射"中的"颜色"和"明度重映射"的用法相同，这里不再展开讲解。

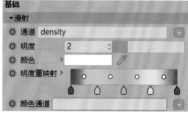

图3-178　　　　　　　图3-179

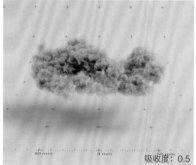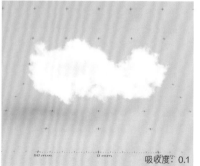

图3-180

"高级"选项卡中的参数可以用于设置体积阴影的透明度，主要通过设置"阴影密度"的数值来实现，如图3-181所示。"阴影密度"的数值越小，透明度越大；数值越大，透明度越小，如图3-182所示。

图3-181

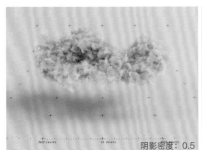

图3-182

3.10.2 TurbulenceFD（TFD）加载方法

使用TurbulenceFD插件模拟烟火效果时需要设置Temperature Value和Density Value，如图3-183所示。在"RS体积"属性面板的"基础"选项卡中设置"通道"为TurbulenceFD中的Temperature（温度），如图3-184所示，可以渲染出烟雾效果。

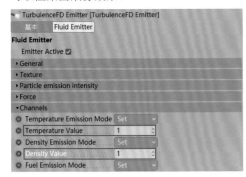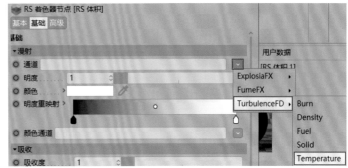

图3-183

图3-184

火需要通过"发光"来进行模拟，设置"发光"中的"通道"为TurbulenceFD中的Density，如图3-185所示。效果如图3-186所示。

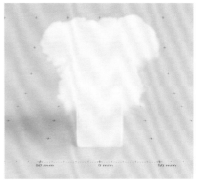

图3-185

图3-186

> **提示** TurbulenceFD中提供了5个通道用于生成烟或火，在实际应用中可以自由选择。

单击"亮度重映射"中的"载入预置"按钮，可以选择一种火焰的标准渐变预设，如图3-187所示。效果如图3-188所示。

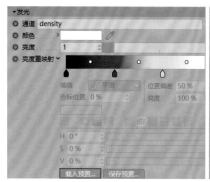

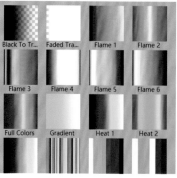

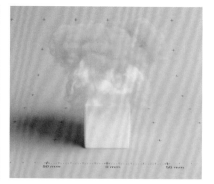

图3-187

图3-188

移动"亮度重映射"右侧渐变色条上的滑块，可以调整烟、火之间的比例关系，如图3-189所示。

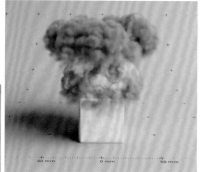

图3-189

3.11 Redshift标准材质

Redshift的"标准材质"可以用于轻松地获取各种表面类型，其中新增了薄膜BRDF模型和漫射粗糙度。

执行"Redshift＞材质＞材质＞标准材质"菜单命令，创建"标准材质"，如图3-190所示。

Redshift的"标准材质"为材质创作提供了直观的工作流程，并提高了与其他工具的互操作性，其属性面板如图3-191所示。

图3-190

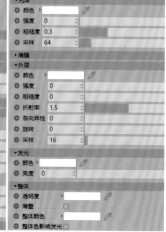

图3-191

3.11.1 基础

图3-192

"颜色"可以设置漫射直接照明或间接照明时的物体的表面颜色,如图3-192所示,当设置为黑色时,没有漫射照明效果。图3-193所示是"颜色"为灰色、红色和蓝色时的效果。

颜色:灰色　　　　　颜色:红色　　　　　颜色:蓝色

图3-193

"强度"可以控制漫射照明的总量,0表示无漫射,1表示最大漫射。"漫射模式"包括Oren-Nayar和d'Eon Lambertian Spheres。Oren-Nayar可以用来模拟光滑和粗糙表面的漫射照明。d'Eon Lambertian Spheres是用来模拟粗糙材料的特殊模式。"漫射粗糙度"仅适用于Oren-Nayar模式,可以控制漫射照明的粗糙度。图3-194所示是"漫射粗糙度"分别为0、0.2和1时的效果。

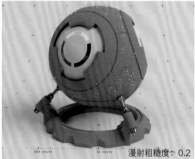

漫射粗糙度: 0　　　　漫射粗糙度: 0.2　　　漫射粗糙度: 1

图3-194

"金属度"的取值范围为0～1,0表示需要使用反射属性来控制反射率,1表示使用基础颜色来控制金属颜色的全反射金属材料,如图3-195所示。图3-196所示是"金属度"分别为0、0.5和1时的效果。

图3-195

金属度: 0　　　　　金属度: 0.5　　　　　金属度: 1

图3-196

3.11.2 反射

通常情况下，"颜色"为白色。可以配合"金属度"进行额外的边缘着色，如图3-197所示。效果如图3-198所示。

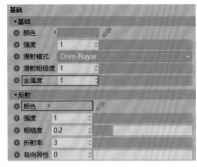

图3-197

图3-198

"强度"控制着反射的强度，当数值为0时，表示禁用"反射"。当"粗糙度"为0时，表示表面光滑；当"粗糙度"为1时，表示表面粗糙，无光泽，如图3-199所示。

"折射率"决定了光线进入材料时弯曲或折射的程度，如图3-200所示。图3-201所示是"折射率"分别为2、5和8时的效果。

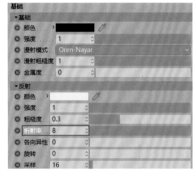

图3-199

图3-200

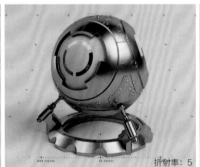

图3-201

3.11.3 透射

通常情况下，"颜色"会设置为白色。可以与"强度"搭配使用，如图3-202所示。图3-203所示是"颜色"分别为橙色、黄色和绿色时的效果。

图3-202

 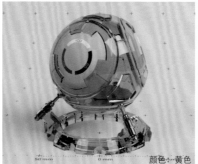 

图3-203

"透射"中的"粗糙度"可以调整玻璃内部的粗糙度，玻璃外部的粗糙度可通过"反射"中的"粗糙度"来设置，如图3-204所示。

"散射深度"和"散射颜色"控制着光线进入物体内部后的散射深度与颜色，可以快速模拟牛奶、糖果、塑料等的质感，如图3-205所示。"散射深度"的数值越小，散射效果越明显；数值越大，散射效果越不明显，如图3-206所示。

 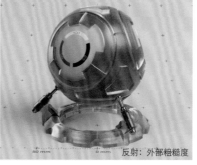 

图3-204 图3-205

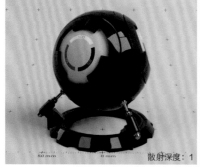  

图3-206

3.11.4 次表面

"颜色"可以设置散射在物体内部的光呈现出的颜色，"强度"可用于在漫射表面着色和次表面散射之间进行柔和混合，如图3-207所示。当"颜色"为黑色时，表示禁用"次表面"。

图3-207

"比例"控制着光在散射之前的平均距离。"比例"的数值越大，表面越薄；数值越小，表面越厚，如图3-208所示。而设置"半径"的颜色时，需要通过互补色来进行设置，如图3-209所示。

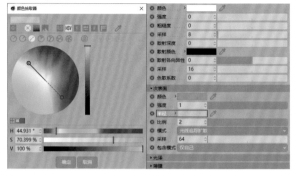

图3-208   图3-209

3.11.5 薄膜

"折射率"主要用于控制薄膜反射光线的强度，如图3-210所示。通常情况下，水面薄膜的"折射率"为1.333，肥皂泡表面的"折射率"为1.4~2.0。图3-211所示是"折射率"分别为1.5、2和3时的效果。

图3-210

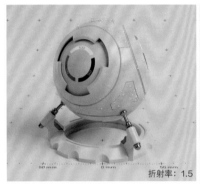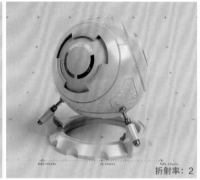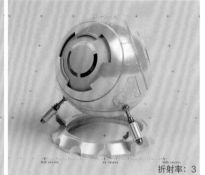

图3-211

"厚度"变化时，薄膜会出现不同色调的光谱，如图3-212所示。

图3-212

第 **4** 章 Redshift常用节点

■ **本章简介**

　　除了预设的Redshift材质,Redshift还提供了各种节点,如纹理、实用、数学和颜色节点,用于计算材质内部细节,从而得到逼真的材质效果。材质节点编辑相比传统的层级编辑来说,逻辑更清晰,功能更强大,整体渲染效率也更高。

■ **主要内容**

- Redshift节点编辑预览
- Redshift材质节点
- Redshift纹理节点
- Redshift实用节点
- Redshift数学节点
- Redshift颜色节点

4.1 Redshift节点编辑预览

将"纹理"节点输出至"标准材质"节点中。通常情况下纹理贴图的信息可以通过左上角的材质球预览，当然也可以单击"纹理"节点进行预览，虽然该预览方式不够直观，但是速度较快，如图4-1所示。

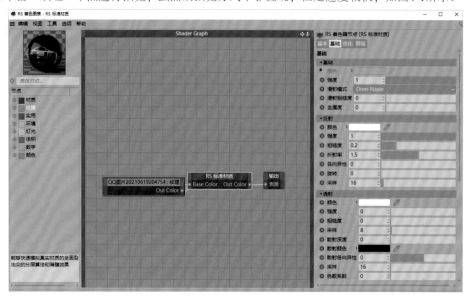

图4-1

执行"Redshift＞材质＞工具＞使用节点材质进行预设"菜单命令，如图4-2所示，这样就可以将Cinema 4D节点编辑器应用到Redshift中了。之后，在制作过程中添加的任何纹理或程序节点都会显示出来，如图4-3所示。

图4-2

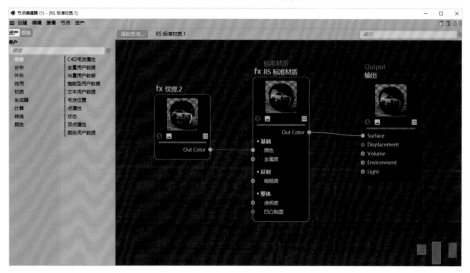

图4-3

4.2 Redshift材质节点

Redshift材质节点中有两种节点，分别为"材质混合"和"材质图层"节点，本节将主要介绍它们的使用方法。

4.2.1 材质混合

当对象只有基础材质时，呈现出来的效果较为单一。如果需要添加更多的细节，就需要叠加多种材质，如灰尘、污垢或反射层。Redshift的"材质混合"节点在基础材质着色器上最多可支持添加6层材质，如图4-4所示。

1.材质层次区分

01 创建"标准材质"节点，然后进入节点编辑器，将"材质混合"节点拖曳至节点编辑器中，并输出给"表面"端口，如图4-5所示。"材质混合"节点的材质是由基础材质和层级材质组成的。

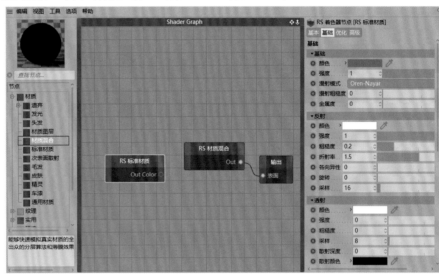

图4-4 　　　　　　　　　　　　　　　　　　　　　　　　　　　　　　　　　　　　　图4-5

02 复制"标准材质"节点，然后分别将两个"标准材质"节点的"颜色"设置为深绿色和白色。将深绿色的"标准材质"节点输出至"材质混合"节点中的Base Color端口，将白色的"标准材质"节点输出至Layer Color 1端口，如图4-6所示。

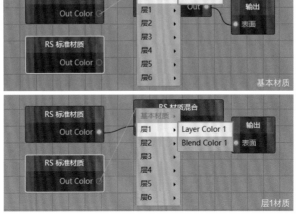

图4-6

03 将"纹理"节点拖曳至节点编辑器中，并输出至"材质混合"节点中的Blend Color 1端口，如图4-7所示。这一步操作可以理解为遮罩，通过黑白关系来区分"基本材质"与"层1"中的材质，当然也可以设置"RS纹理"属性面板中的相关参数来进行区分，如"曲率""渐变""噪波"等，如图4-8所示。

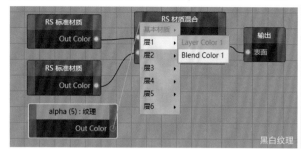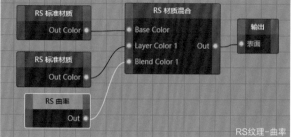

图4-7

图4-8

2.材质混合模式

01 创建3个"标准材质"节点，然后分别将它们的"颜色"设置为红色、绿色、蓝色，接着分别输出至"材质混合"节点中的Layer Color 1、Layer Color 2和Layer Color 3端口，如图4-9所示。

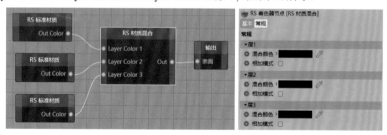

图4-9

"混合颜色"是用于控制图层材质的色调的。其颜色应介于黑色和白色之间，当将"混合颜色"设置为黑色时，表示该材质会被限制使用，如图4-10所示。

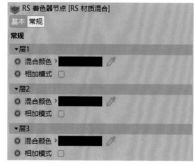

图4-10

　　"相加模式"可以将混合模式切换到"相加模式",如图4-11所示。勾选"相加模式"后,最终呈现的材质效果是每个材质层的混合色,同时可以将其添加到"基本材质"层作为底色。图4-12所示是红色、蓝色与绿色叠加后的效果。

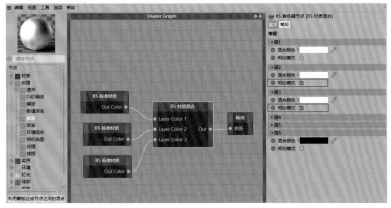

图4-11　　　　　　　　　　　　　　　　图4-12

02 由于3层材质的属性相同,因此重叠在一起后是无法查看红色、绿色、蓝色的颜色信息的。可以修改3层材质的"各向异性"和"旋转"参数值,以便查看3种颜色的信息,如图4-13所示。调整后的效果如图4-14所示。

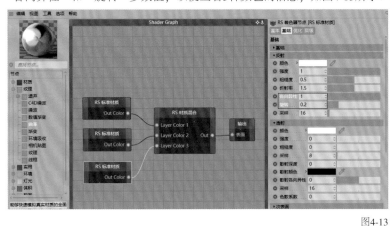

图4-13　　　　　　　　　　　　　　　　图4-14

03 新建一个"标准材质"节点,将"颜色"设置为70%的白色,并输出至"材质混合"节点中的Base Color端口,然后修改"层1""层2""层3"的"混合颜色",这样可以模拟薄膜或激光的效果,如图4-15所示。效果如图4-16所示。

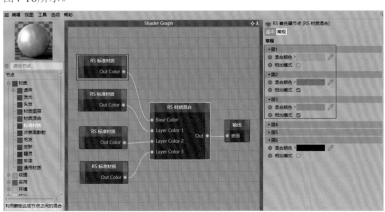

图4-15　　　　　　　　　　　　　　　　图4-16

4.2.2 材质图层

"材质图层"节点与"材质混合"节点相似，区别在于"材质图层"节点仅提供一个"基本材质"层和一个"层1"材质层。为了区分两层关系，"材质图层"节点使用了"蒙版"进行区分，同时还提供了"混合""叠加""相加"3种混合模式，如图4-17所示。

图4-17

创建两个"标准材质"节点，并分别设置"颜色"为白色和红色，然后分别输出至"材质图层"节点中的Base Color和Layer Color端口，如图4-18所示。效果如图4-19所示。通过设置"蒙版"参数值可以控制材质层的不透明度，当数值为0时显示"基本材质"层，当数值为1时显示"层1"材质层。

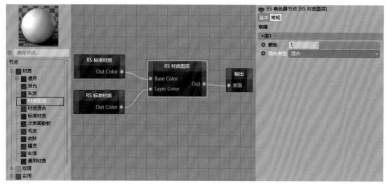

图4-18 图4-19

"混合"模式是将"层1"中的材质添加到"基本材质"层中，此模式与"相加"模式基本相同。"叠加"模式是将两种材质叠加，叠加后两种材质不会相互影响。"相加"模式是将"层1"中的材质添加到"基本材质"层中。3种模式的对比效果如图4-20所示。

图4-20

4.3 Redshift纹理节点

Redshift纹理节点可以创建较为复杂的效果，可以通过设置纹理的"颜色""噪波""坐标""渐变""曲率""环境吸收"等来调整效果。

4.3.1 噪波

Redshift提供了两种不同的噪波，分别为Cinema 4D内置的噪波与Redshift噪波，如图4-21所示。

图4-21

这里着重讲解一下Redshift噪波，将"噪波"节点拖曳至节点编辑器中，并输出至"标准材质"节点中的Base Color端口，如图4-22所示。

1.颜色

在"常规"中可以设置"噪波"节点的输出颜色，并可以将"颜色1"和"颜色2"反转，如图4-23所示。

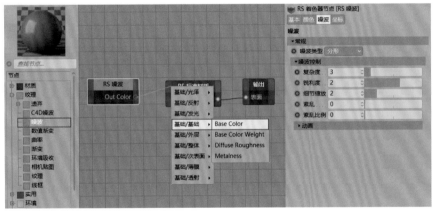

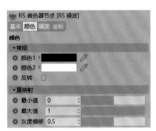

图4-22

图4-23

在"重映射"中可以通过设置"最小值""最大值""灰度偏移"来控制"颜色1""颜色2"的输出范围。图4-24所示是3组不同数值的对比效果。

最小值：0　最大值：1　　　　　最小值：0.5　最大值：1　　　　　最小值：0　最大值：0.5

图4-24

2.噪波

"噪波"的相关参数如图4-25所示。

图4-25

"噪波类型"包含了"分形""湍流""单元"3种类型，效果如图4-26所示。设置好"噪波类型"后就可以调整"噪波控制"的相关参数，让纹理更加丰富。

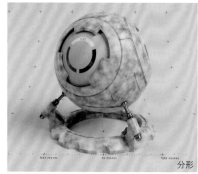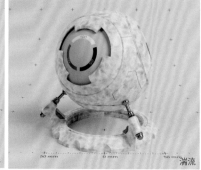

图4-26

"复杂度"参数值越大，噪波的细节越丰富。图4-27所示是"复杂度"分别为1、2和3时的效果。

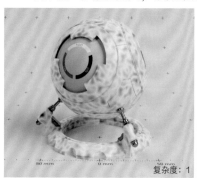

图4-27

"锐利度"可以用于控制噪波的柔和度。数值越小，噪波越锐利；数值越大，噪波越柔和。图4-28所示是"锐利度"分别为1、3和6时的效果。

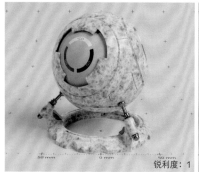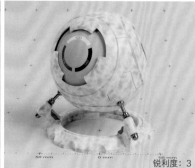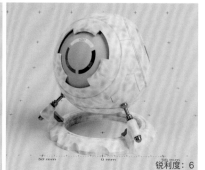

图4-28

"细节缩放"参数值越大，噪波内部的细节越丰富；数值越小，噪波内部的细节越少。图4-29所示是"细节缩放"分别为1、2和4时的效果。

图4-29

"紊乱比例"参数值越大，紊乱效果越强；数值越小，紊乱效果越弱。设置"动画"中的"来源"和"帧比例"参数值，可以让噪波产生动画效果。数值越大，动画速率越快。

3.坐标

"坐标"的相关参数如图4-30所示。

图4-30

"整体比例"可用于控制UV坐标的总体尺度。数值越大，噪波越密集；数值越小，噪波越分散，如图4-31所示。

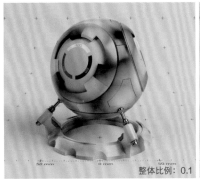

图4-31

"比例"可以单独控制噪波在*x*、*y*、*z*轴上的方向。图4-32所示的是"比例"分别为（10,0,0）（0,10,0）（0,0,10）时的效果。"偏移"可以单独调整噪波在*x*、*y*、*z*轴上的位置。

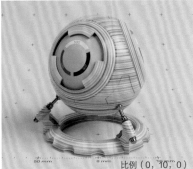

图4-32

4.3.2 渐变

　　"渐变"节点在生成渐变纹理的同时，可以映射图像纹理，并且能够修改纹理的范围与颜色。"渐变"节点还可以用于调节灰度，类似于Photoshop的色阶与曲线功能。

1.渐变

　　"渐变"节点是通过色标、曲线对纹理进行调整的，如图4-33所示。

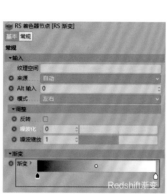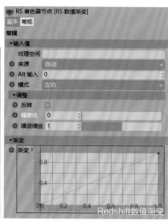

图4-33

　　将"渐变"节点拖曳至节点编辑器中，然后输出至"标准材质"节点中的Base Color端口，如图4-34所示。在属性面板中调整"渐变"的颜色范围，如图4-35所示。

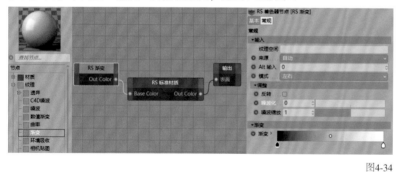

图4-34　　　　　　　　　　　　　　　　　　　　图4-35

2.输入

　　"输入"可用于对纹理贴图进行二次修改。将纹理贴图拖曳至节点编辑器中，并输出至"渐变"节点中的Input端口，如图4-36所示。渐变前后的对比效果如图4-37所示。

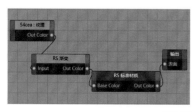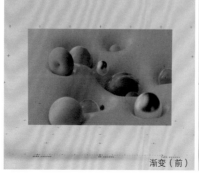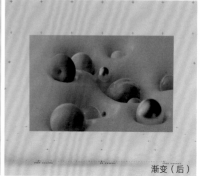

渐变（前）　　　　　　　　　渐变（后）

图4-36　　　　　　　　　　　　　　　　　　　　　　　　　　　　　　图4-37

3.调整

"噪波化"可用于控制噪波的变化,"噪波缩放"可用于控制噪波的大小,如图4-38所示。当这两个参数的数值为0时,表示无噪波产生。数值越大,噪波的效果越强,如图4-39所示。

图4-38

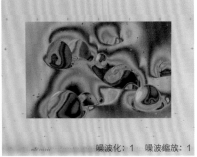

噪波化:1 噪波缩放:1

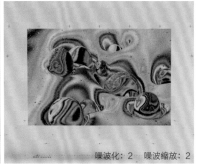

噪波化:2 噪波缩放:2

图4-39

"反转"可以用于对渐变颜色或图像的纹理进行反转。这里有两种方法进行反转,一种是勾选"调整"中的"反转",另一种是右键单击"渐变"右侧的渐变色条,如图4-40所示。反转前后的效果如图4-41所示。

图4-40

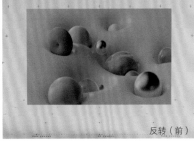

反转(前)

反转(后)

图4-41

4.3.3 曲率

"曲率"节点可以在物体表面或交界处生成黑白纹理,适合用于制作有污垢、磨损的材质。

1.模式

将"曲率"节点拖曳至节点编辑器中,并输出至"标准材质"节点中的Base Color端口,如图4-42所示。

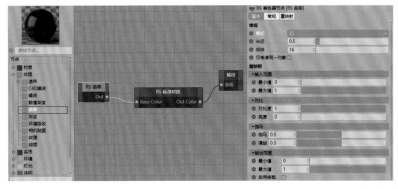

图4-42

"RS曲率"属性面板中提供了"凸""凹"两种曲率着色模式,分别代表了外部着色和内部着色,如图4-43所示。效果如图4-44所示。

图4-43

凸(外部)

凹(内部)

图4-44

"半径"是用于控制曲率着色的范围的。数值越小,效果越锐利;数值越大,效果越柔和。图4-45所示是"半径"分别为0.1、1和2时的效果。

图4-45

"采样"的数值越大,最终产生的噪点越少,但渲染时间会随之增加。"仅考虑同一对象"在多个物体相交时,可以用于控制是否生成曲率着色,勾选时表示不生成。图4-46所示是不勾选和勾选状态下产生的效果。

 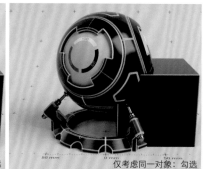

图4-46

2.重映射

"重映射"中的"输入范围""对比""伽马""输出范围"都是用于调整曲率着色的黑白范围、明暗关系的,如图4-47所示。曲率颜色可以通过添加"渐变"节点来调整,可以依次创建"曲率""渐变""标准材质"节点,并依次连接,如图4-48所示。效果如图4-49所示。

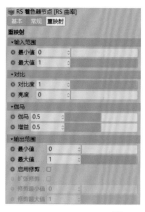

图4-47

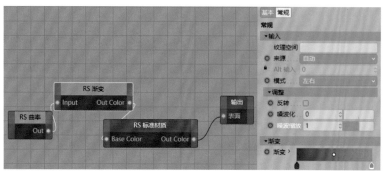

图4-48

图4-49

4.3.4 环境吸收

"环境吸收"(环境光遮蔽)是一种着色技术。全局照明产生的光线反弹后会削弱物体的阴影效果,此时可以通过"环境吸收"来增强阴影效果,模拟边角折痕、苔藓、灰尘等。

将"环境吸收"节点拖曳至节点编辑器中,并输出至"标准材质"节点中的Base Color端口,如图4-50所示。

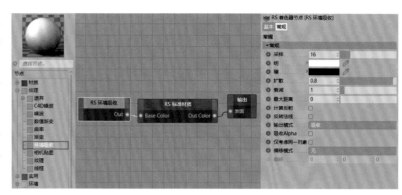

图4-50

"采样"数值越小,最终呈现出的效果越干净。"明""暗"这两个参数分别控制着"环境吸收"最暗的颜色和最亮的颜色。默认情况下,设置"明"为白色,"暗"为黑色,如图4-51所示。图4-52所示是在"采样"数值相同的情况下,不同"明""暗"颜色的对比效果。

图4-51

采样:16 明:黑色 暗:白色

采样:16 明:红色 暗:蓝色

图4-52

"扩散"和"衰减"可以控制被遮挡区域和未遮挡区域之间的过渡区域,如图4-53所示。图4-54所示是不同数值下的对比效果。

图4-53

扩散:0 衰减:1

扩散:0.02 衰减:1

扩散:1 衰减:0.1

扩散:1 衰减:1

图4-54

"最大距离"可用于控制每个环境光遮蔽射线的最大长度。数值越大，遮挡区域就越大，如图4-55所示。

"计算反射"可以控制环境光遮蔽是否产生漫射效果，如图4-56所示。勾选"计算反射"前后的对比效果如图4-57所示。

"反转法线"可以控制是否反转"明""暗"颜色，勾选"反转法线"前后的效果如图4-58所示。

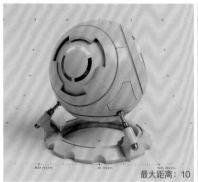

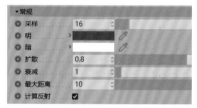

图4-55 图4-56

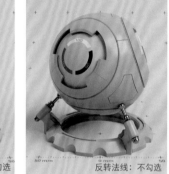

图4-57 图4-58

4.3.5 相机贴图

"相机贴图"节点用于在摄像机空间中投影图像，它与"阴影捕捉"节点相同，常用于实景合成。

1."相机贴图"节点的使用方式

01 单击"地面"工具 展开下拉菜单，然后选择"背景"，如图4-59所示。创建"标准材质"节点，将"sohucs：纹理"输出至"标准材质"节点中的Base Color端口，并赋给"背景"，如图4-60所示。

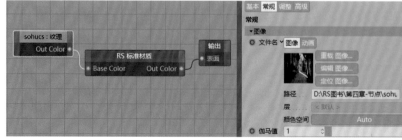

图4-59 图4-60

02 执行"Redshift>灯光>HDR"菜单命令，然后在"RS HDR"属性面板中勾选"启用"，从而启用背景，接着在"纹理"中导入背景纹理贴图，如图4-61所示。

图4-61

03 单击"立方体"工具 展开下拉菜单，然后选择"多边形"，接着按C键将多边形转换为可编辑对象，并对其进行修改，如图4-62所示。

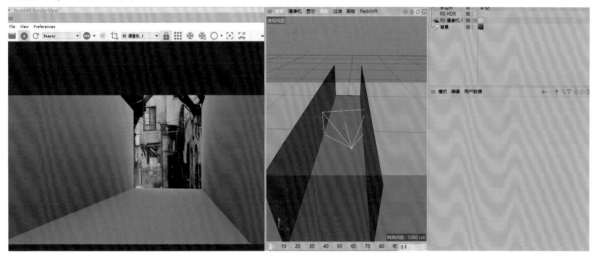

图4-62

04 创建"标准材质"节点，并将"反射强度"设置为0；然后拖曳"相机贴图"节点至节点编辑器中，并输出至"标准材质"节点中的Base Color端口；接着单击"路径"右侧的 按钮导入纹理贴图，如图4-63所示。

图4-63

05 在场景中导入金属人偶，并让其与环境融为一体，如图4-64所示。添加"区域光"用于增强场景的真实性，然后设置"伽马值"为0.8，让前景与背景的亮度达到一致，如图4-65所示。"伽马值"越大，环境越暗；"伽马值"越小，环境越亮，如图4-66所示。

图4-64

图4-65

图4-66

2."阴影捕捉"节点的使用方式

01 以图4-67所示的场景为例。执行"Redshift>灯光>HDR"菜单命令，进入"RS HDR"属性面板，将纹理贴图拖曳至"常规"和"背板"的"纹理"中，如图4-68所示。效果如图4-69所示。

02 创建"标准材质"节点，然后将"阴影捕捉"节点拖曳至节点编辑器中，并输出给"表面"端口，接着可以在属性面板中设置相关参数，如图4-70所示。

图4-67

图4-68

图4-69

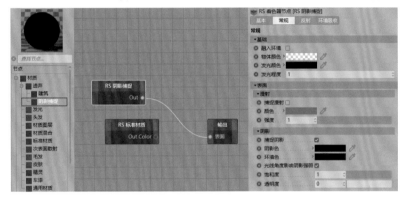

图4-70

03 在"基础"中设置相关参数可以将HDR环境融入材质中，不勾选"融入环境"代表不融入环境，勾选代表融入环境，如图4-71所示。勾选"融入环境"前后的对比效果如图4-72所示。

图4-71

图4-72

04 "捕捉漫射"可以从直接照明和间接照明中捕捉漫射照明，尤其是在发光材质中表现得更为突出，如图4-73所示。勾选"捕捉漫射"前后的对比效果如图4-74所示。

图4-73

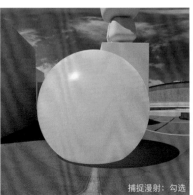

图4-74

05 勾选"捕捉阴影"后可以设置"阴影色""环境色""饱和度""透明度",如图4-75所示。

06 勾选"捕捉反射"后可以捕获场景中的反射关系,包括场景中的所有对象和镜面反射,并且可以设置反射的"颜色""强度""光泽度""采样"等,如图4-76所示。依次设置"反射强度"为0.6,"光泽度"为0.7,"颜色"为红色,效果如图4-77所示。

图4-75   图4-76

图4-77

07 "衰减"中的"距离"控制着反射的长短。数值越大,反射越长;数值越小,反射越短,如图4-78所示。

图4-78

4.3.6 纹理

"纹理"节点可以对位图纹理进行采样,并支持所有的已知格式,适合用于制作写实的材质。

1.图像

将"纹理"节点拖曳至节点编辑器中,并输出至"标准材质"节点中的Base Color端口,然后在"RS纹理"属性面板中单击路径右侧的 ■ 按钮导入纹理贴图,如图4-79所示。

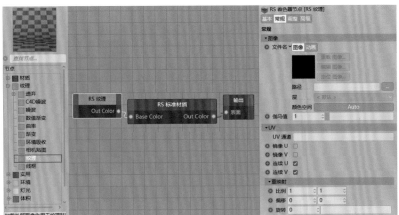

图4-79

由于Redshift渲染器是在线性空间中渲染图像的，因此必须在采样之前对图像纹理进行去伽马处理。可以将"颜色空间"设置为sRGB或ACES，如图4-80所示。

图4-80

"伽马值"是用于调整图像纹理的亮度的。数值越大，图像纹理越暗；数值越小，图像纹理越亮，如图4-81所示。

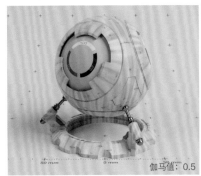
伽马值：0.5

伽马值：1

伽马值：2

图4-81

2.UV

设置"UV通道"为UVW，此时"平面"对象上生成了两个不同的UVW坐标标签，如图4-82所示，它们分别代表了枫叶的两个不同方向。

"镜像U""镜像V"分别用于在U和V方向上启用镜像，启用前后的对比效果如图4-83所示。

图4-82

启用镜像前　　启用镜像后

图4-83

"连续U""连续V"分别用于在U和V方向上启用连续重复，启用前后的对比效果如图4-84所示。

"重映射"可以用于缩放UV坐标，形成重复或平铺的效果，同时可以进行UV坐标的旋转和偏移，如图4-85所示。将"比例"分别设置为（1,1）和（5,5）时的效果如图4-86所示。将"偏移"设置为（0.5,0.5）的效果如图4-87所示。将"旋转"设置为90的效果如图4-88所示。

 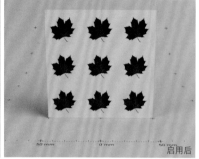

图4-84　　　　　　　　　　　　　　　　　　　　　　图4-85

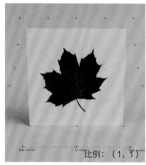 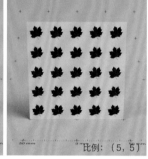 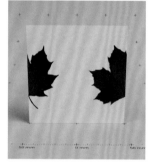 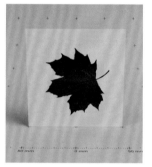

图4-86　　　　　　　　图4-87　　　　　　　　图4-88

4.3.7 线框

"线框"节点可以让物体生成三角形和四边形的线框。

将"线框"节点拖曳至节点编辑器中，并输出至"标准材质"节点中的Base Color端口，如图4-89所示。

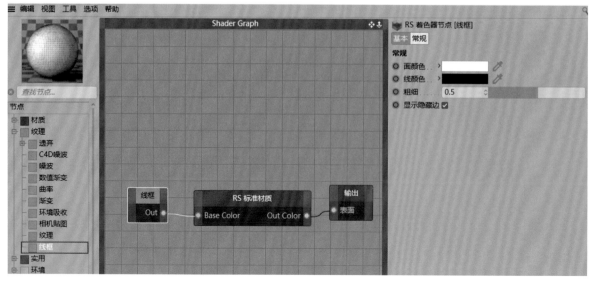

图4-89

线框的数量与立方体的分段有着密切的关系，分段越多，线框就越多，如图4-90所示。在"线框"属性面板中可以设置立方体的内部颜色以及线框的颜色、粗细、形态等，如图4-91所示。将"面颜色"设置为蓝色，"线颜色"设置为白色，效果如图4-92所示。

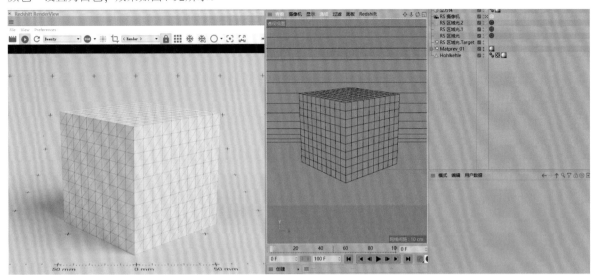

图4-90

图4-91   图4-92

4.4 Redshift实用节点

Redshift实用节点可以为克隆、粒子创建更多的颜色信息，并提供了"凹凸""置换"等节点帮助我们制作更加真实的材质。

4.4.1 凹凸

"凹凸"中包含了"凹凸贴图"和"凹凸混合"两种节点，可以用于增强材质纹理的立体感。

1.凹凸贴图

"凹凸贴图"节点与贴图的分辨率有一定的关系，分辨率越大，凹凸效果越明显。

01 将"凹凸贴图"节点拖曳至节点编辑器中，并输出至"标准材质"节点中的Bump Input端口，如图4-93所示。

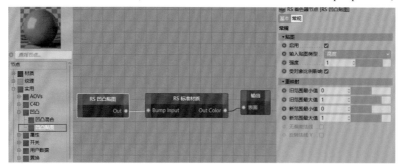

图4-93

02 将砖块纹理贴图拖曳至节点编辑器中，并输出至"凹凸贴图"节点中的Input端口，如图4-94所示。

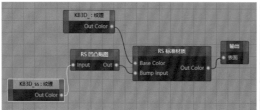

图4-94

03 选择砖块纹理贴图，在属性面板中将"颜色空间"设置为sRGB，如图4-95所示。效果如图4-96所示。

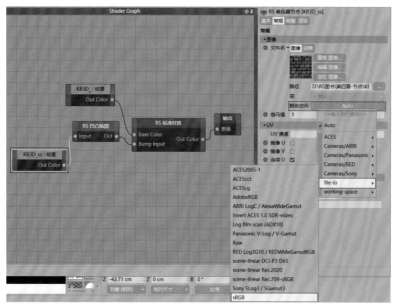

图4-95

图4-96

　　"启用"是用于控制是否启用凹凸贴图或法线贴图的。勾选"启用"后即可在"输入贴图类型"中选择贴图类型，包括"高度""法线（切线空间）""法线（对象空间）"3种类型，如图4-97所示。

图4-97

"强度"能够增强凹凸效果，当数值为0时表示无凹凸效果，当数值为负数时，凸起的方向为反方向，如图4-98所示。

图4-98

04 "重映射"中的相关参数主要用于设置黑白贴图的高度范围，如图4-99所示。将砖块法线纹理贴图拖曳至节点编辑器中，并输出至"凹凸贴图"节点中的Input端口，然后设置"颜色空间"为Raw，如图4-100所示。

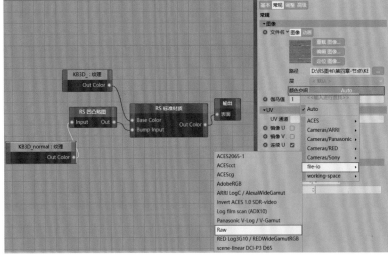

图4-99

图4-100

05 在"RS凹凸贴图"属性面板中设置"输入贴图类型"为"法线（切线空间）"，然后依次将"颜色空间"设置为Auto与Raw来观察一下效果，如图4-101所示。当贴图类型为"法线（切线空间）"时，"重映射"中会增加两个参数，分别为"无偏差法线"和"反转法线Y"，如图4-102所示。勾选"反转法线Y"后，即可翻转砖块法线纹理贴图。

图4-101

图4-102

123

2.凹凸混合

"凹凸混合"节点最多可以对4个凹凸贴图、法线贴图进行混合，从而增加纹理凹凸的细节。

01 将"凹凸混合"节点拖曳至节点编辑器中，并输出至"标准材质"节点中的Bump Input端口，如图4-103所示。

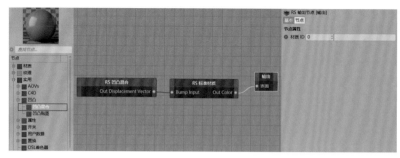

图4-103

02 创建两个"凹凸贴图"节点，分别与砖块纹理贴图和刮痕纹理贴图相连接，然后将连接了砖块纹理贴图的"凹凸贴图"节点输出至"凹凸混合"节点中的Base Input端口，将连接了刮痕纹理贴图的"凹凸贴图"节点输出至"凹凸混合"节点中的Bump Input 0端口，如图4-104所示。

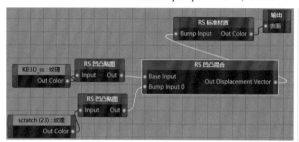

图4-104

03 在"RS着色器节点"属性面板中设置"层0""层1"的"混合强度"。图4-105所示是"混合强度"分别为0、0.5和1时的效果。

图4-105

04 创建"凹凸贴图"和"法线贴图"节点，分别连接砖块纹理贴图和指纹纹理贴图，然后将"凹凸贴图"节点输出至"凹凸混合"节点中的Base Input端口，将"法线贴图"节点输出至"凹凸混合"节点中的Bump Input 0端口，如图4-106所示。

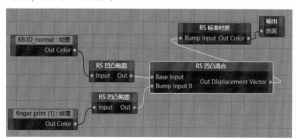

图4-106

4.4.2 顶点贴图

"顶点贴图"节点是以蒙版的方式来区分不同的材质的，它常与"材质混合""材质图层""颜色图层"节点配合使用。

01 创建一个模型，然后执行"选择>设置顶点权重"菜单命令，如图4-107所示。

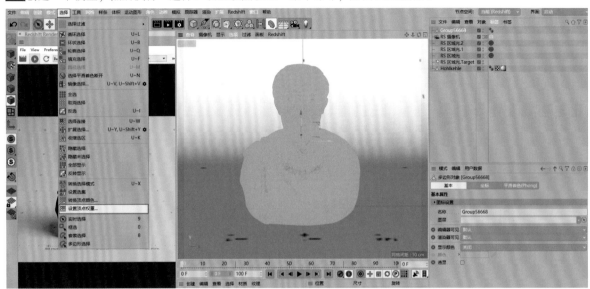

图4-107

02 单击Group56668对象右侧的"顶点贴图"标签，然后在"顶点贴图"属性面板中勾选"使用域"，如图4-108所示。选择"球体域"对象，设置"尺寸"为500cm，如图4-109所示。将"球体域"对象移动至视图中所需要影响的范围处，如图4-110所示。

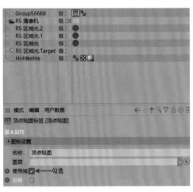

图4-108

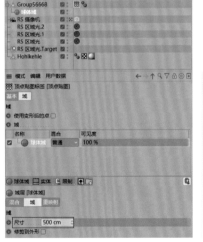

图4-109

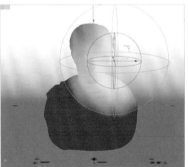

图4-110

03 创建两个"标准材质"节点，将"颜色"分别设置为红色、蓝色，并分别输出至"材质混合"节点中的Base Color和Layer Color1 端口，如图4-111所示。两个材质层的效果如图4-112所示。

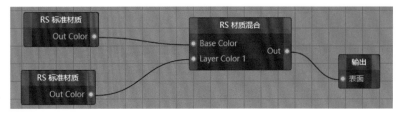

图4-111

图4-112

04 将"C4D顶点贴图"节点拖曳至节点编辑器中，并输出至"材质混合"节点中的Blend Color1端口，然后将"顶点贴图"标签■拖曳至"顶点贴图"中，如图4-113所示。效果如图4-114所示。

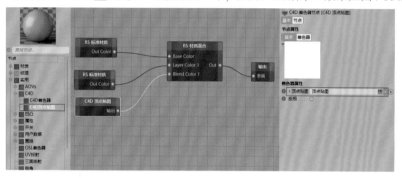

图4-113 图4-114

4.4.3 置换

"置换"中包含了"置换"与"置换混合"两种节点。它们可以在几何表面生成凹凸效果。

1.置换

01 将"置换"节点拖曳至节点编辑器中，并输出至"输出"节点中的"置换"端口，如图4-115所示。

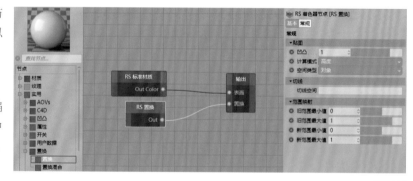

图4-115

02 将山体纹理贴图拖曳至节点编辑器中，并将"颜色空间"设置为sRGB，然后输出至"置换"节点中的Tex Map端口，如图4-116所示。

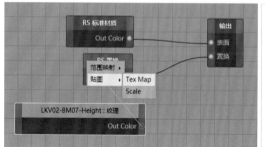

LKV02-BM07-Height.tif

图4-116

03 如果要产生置换效果，那么需要在"对象"面板中执行"标签＞Redshift标签＞RS对象"菜单命令，创建"RS对象"标签，如图4-117所示。在"RS对象"属性面板中选择"几何体"选项卡，然后依次勾选"覆盖"和"置换"中的"启用"，如图4-118所示。

图4-117   图4-118

04 进入"RS置换"属性面板，设置"贴图"中的"凹凸"为400，如图4-119所示。在"置换"中设置"最大置换"为400，如图4-120所示。效果如图4-121所示。

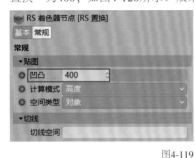

图4-119   图4-120   图4-121

"最大置换"是指凹凸高度的总值，在总值范围内可以任意调整高度。同时也可以通过设置"置换比例"来倍增高度，如图4-122所示。图4-123所示是不同"置换比例"数值对应的效果。

图4-122

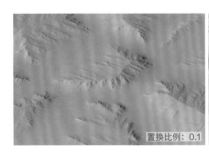

置换比例：0.1

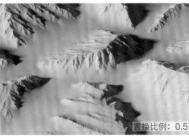

置换比例：0.5

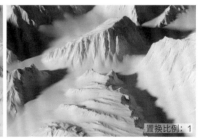

置换比例：1

图4-123

当"最大置换"为400时，画面中会出现多余的多边形，其原因是平面的分段数不够多，可以勾选"细分"中的"启用"，从而增加平面分段数，如图4-124所示。效果如图4-125所示。

图4-124   图4-125

2.置换混合

"置换混合"节点与"凹凸混合"节点原理相同。

01 创建两个"置换"节点，并将山体纹理贴图与路面纹理贴图分别与"置换"节点相连接。将"置换混合"节点拖曳至节点编辑器中，并输出至"输出"节点中的"置换"端口。将与山体纹理贴图连接的"置换"节点输出至"置换混合"节点中的Base Input端口，将与路面纹理贴图连接的"置换"节点输出至"置换混合"节点中的Displace Input 0端口，如图4-126所示。

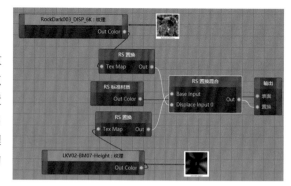

图4-126

02 进入"RS置换混合"属性面板，设置"层0""层1"的"混合强度"，其中"层0"代表与山体纹理贴图连接的"置换"节点，"层1"代表与路面纹理贴图连接的"置换"节点，如图4-127所示。效果如图4-128所示。

图4-127

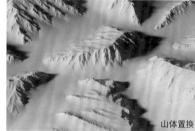

图4-128

03 根据"层0""层1"的混合效果，可以将"混合强度"设置为中间值0.5，并降低与路面纹理贴图连接的"置换"节点的凹凸高度，设置"凹凸"为20，如图4-129所示。效果如图4-130所示。

图4-129

图4-130

04 将山体"置换"的颜色、法线纹理贴图、粗糙度拖曳至节点编辑器中，分别输出出"标准材质"节点中的Base Color、Bump Input和Refl Roughness端口，如图4-131所示。最终效果如图4-132所示。

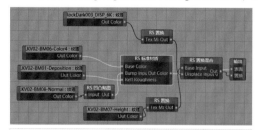

图4-131

图4-132

4.4.4 着色器开关

　　"着色器开关"节点中可添加10种着色变化，并可以通过"索引"或"索引偏移"进行控制。

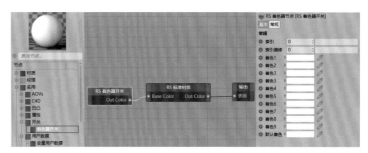

01 将"着色器开关"节点拖曳至节点编辑器中，并输出至"标准材质"节点中的Base Color端口，如图4-133所示。

图4-133

02 创建3个不同颜色的"颜色"节点，然后分别输出至"着色器开关"节点中的Shader 0、Shader 1、Shader 2端口，如图4-134所示。进入"RS着色器开关"属性面板，通过设置"索引"的数值改变颜色（支持纹理贴图），如图4-135所示。图4-136所示是"索引"分别为0、1和2时的效果。

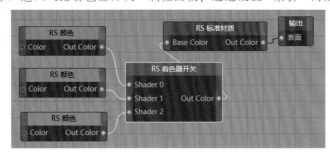

图4-134　　　　　　　　　　图4-135

图4-136

4.4.5 UV投射

　　"UV投射"节点可以将2D纹理贴图以3D的形式投射到对象上。

01 将"UV投射"节点拖曳至节点编辑器中，并输出至"标准材质"节点中的Base Color端口，如图4-137所示。

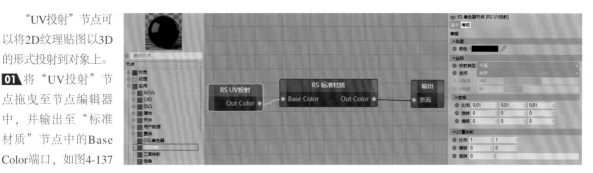

图4-137

02 将纹理贴图拖曳至节点编辑器中，并将纹理贴图输出至"UV投射"节点中的Color端口，如图4-138所示。进入"RS UV投射"属性面板，其中"投射类型"中有"平面""球面""圆筒""球体""立方体"5种类型，如图4-139所示。不同"投射类型"的效果如图4-140所示。

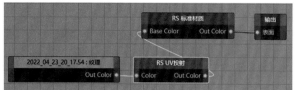

图4-138

图4-139

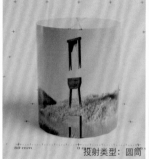

图4-140

由于"纹理"节点中只有"UV缩放""偏移""旋转"等参数可调整，因此需要使用"UV投射"节点来设置UV类型。此功能与Cinema 4D"材质"属性面板中的"投射"相同,Cinema 4D中的"投射"类型要多一些，如图4-141所示。

提示 使用Cinema 4D或Redshift中的默认投射类型时，笔者推荐使用"立方体"类型，这种类型呈现出来的效果比较稳定。

图4-141

4.4.6 三面映射

"三面映射"节点可以通过调整x、y、z轴的轴向，分配UV坐标。该节点可以有效地调整难以展开或存在接缝的UV表面，适合与"颜色""凹凸""置换"等节点搭配使用。

1.纹理

01 将"三面映射"节点拖曳至节点编辑器中，并输出至"标准材质"节点中的Base Color端口，如图4-142所示。

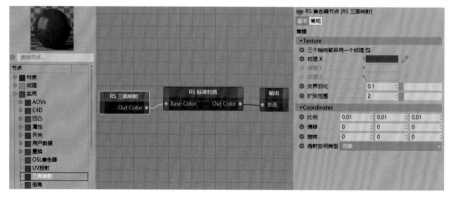

图4-142

02 进入"RS三面映射"属性面板，在"常规"选项卡的Texture中勾选"三个轴向都采用一个纹理"，如图4-143所示。效果如图4-144所示。勾选后系统将强制映射到单轴"纹理X"上，取消勾选后系统将强制映射到"纹理X"和"纹理Y"上，效果如图4-145所示。

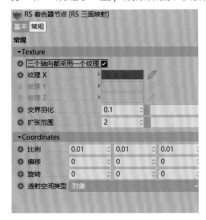

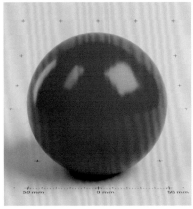

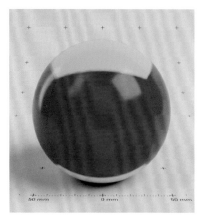

图4-143 图4-144 图4-145

"交界羽化"控制着每个轴上有多少个颜色可以混合。进行一定量颜色混合的x、y、z轴之间会产生柔和的过渡效果，数值越大，过渡效果越柔和，如图4-146所示。

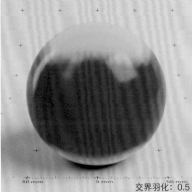

图4-146

"扩张范围"控制着x、y、z轴上颜色混合后的收紧或放松效果，最小值为1。数值越小，3个轴向上的颜色混合后越放松；数值越大，3个轴向上的颜色混合后越收紧，如图4-147所示。

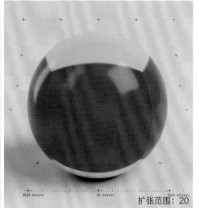

图4-147

03 创建"纹理"节点并输出至"三面映射"节点中的Image X端口，如图4-148所示。此时可以发现对象表面出现了

接缝，可以通过调整"交界羽化"的数值
让接缝处产生柔和的过渡效果。图4-149
所示是"交界羽化"分别为0、1时的效果。

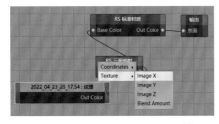

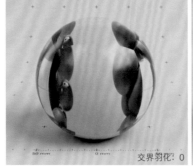

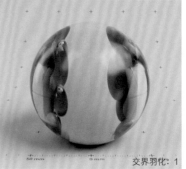

图4-148

图4-149

2.重映射

"重映射"可以调整每个轴的"比例""偏移""旋转""透射空间类型"。

4.4.7 倒角

"倒角"节点可以对模
型边缘进行倒角处理，其工
作原理是通过光线模拟在模
型边缘生成虚假的倒角。

将"倒角"节点拖曳至
节点编辑器中，并输出至
"标准材质"节点中的Bump
Input端口，如图4-150所示。

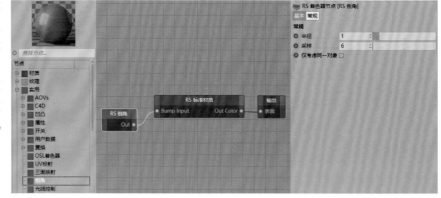

图4-150

进入"RS倒角"属性面板，可设置倒角"半径"。建议"半径"的取
值范围为0.1~1，最大值尽量不要超过1，否则模型的外观会受到影响，如
图4-151所示。图4-152所示是"半径"分别为0、1、5时的模型效果。

图4-151

图4-152

"倒角"节点可以与"凹凸贴图""凹凸混合"节点配合使用，从而为模型增加更多的细节，如图4-153所示。效果如图4-154所示。

图4-153

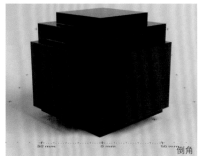 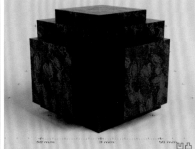 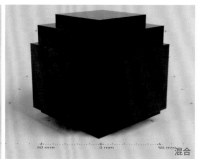

图4-154

4.4.8 光线控制

"光线控制"节点可以设置材质在特定光线相交时呈现出的不同反射、折射、GI效果，也可以区分正面和背面材质的特点。

1.摄像机

将"光线控制"节点拖曳至节点编辑器中，并输出至"标准材质"节点中的Base Color端口，如图4-155所示。

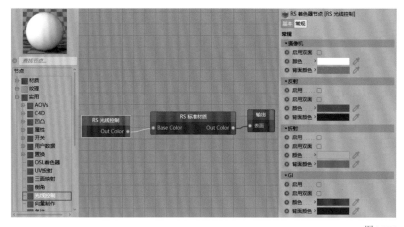

图4-155

"摄像机"可以通过摄像机视角下的法线方向来控制正反面的颜色，勾选"启用双面"时表示使用正面颜色与背面颜色，默认的参数面板如图4-156所示。将两张纹理贴图分别输出至"光线控制"节点中的Camera Color(正面颜色)和Camera Color Back(背面颜色)端口，如图4-157所示。勾选"启用双面"前后的对比效果如图4-158所示。

图4-156

图4-157

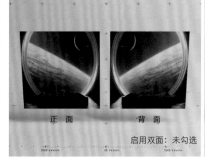 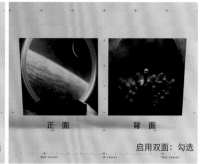

图4-158

2.反射

"反射"可以根据法线方向来控制反射的正面颜色与背面颜色，如图4-159所示。勾选"启用"前后的效果如图4-160所示，勾选"启用双面"前后的效果如图4-161所示。

图4-159

图4-160

图4-161

3.折射

"折射"可以根据法线方向来控制折射的正面颜色与背面颜色，如图4-162所示。勾选"启用"前后的效果如图4-163所示。

图4-162

图4-163

选择球体的半个表面，单击鼠标右键选择"反转法线"，如图4-164所示。在属性面板中勾选"启用双面"，前后的效果如图4-165所示。

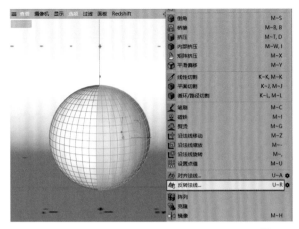

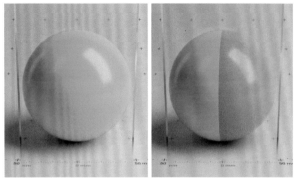

图4-164

图4-165

4.GI

GI可以根据法线方向来控制GI的正面颜色与背面颜色（重点观察阴影部分），如图4-166所示。效果如图4-167所示。

图4-166

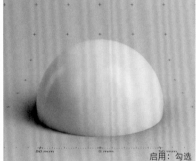

启用：不勾选   启用：勾选   启用双面：勾选

图4-167

4.4.9 状态

"状态"节点可以与数学节点配合使用，它可以输出4个模块，包括"法线""切线""UVW""光线"，比较常用的情形为控制射线的原点、方向、位置、长度。通常，卡通类的材质就可以通过"状态"节点来制作。

01 将"状态"节点拖曳至节点编辑器中，并输出至"标准材质"节点中的Base Color端口，如图4-168所示。

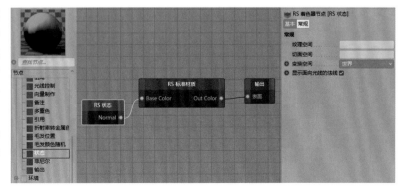

图4-168

02 "状态"节点实际上是控制射线位置的，即表面上光线交点的位置。当移动模型时光线交点也会随之变化，将"状态"节点中的Rayposition端口与"标准材质"节点中的Base Color端口相连接，如图4-169所示。效果如图4-170所示。

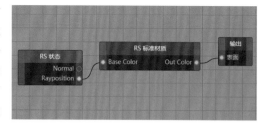

图4-169　　　　　　　　图4-170

03 将射线的x、y、z轴分别对应到"标准材质"节点上的RGB值，当超过了RGB的最大承受值时，颜色就会产生曝光现象。此时可以创建"向量相除"节点，在"RS向量相除"属性面板中将"输入2"设置为（100，100，100），如图4-171所示。对应到x、y、z轴上的效果如图4-172所示。

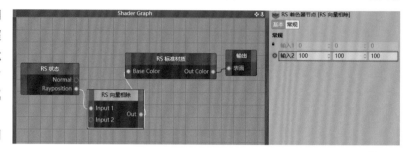

图4-171

图4-172

4.4.10　菲尼尔

"菲尼尔"节点可用于控制因视角变化而产生的颜色渐变效果。

1.衰减颜色

将"菲尼尔"节点拖曳至节点编辑器中，并输出至"标准材质"节点中的Base Color端口，如图4-173所示。

"采用折射率算法"可以在不需要折射率时计算菲尼尔效应。当取消勾选"采用折射率算法"时，"过渡衰减"可以控制菲尼尔衰减的中心颜色和边缘颜色之间的过渡效果，如图4-174所示。图4-175所示是"过渡衰减"分别为0.1、0.5和1时的效果。

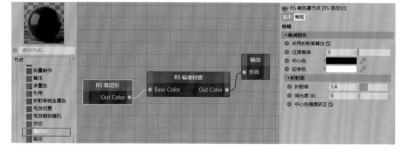
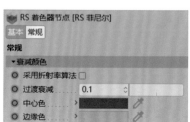

图4-173　　　　　　　　図4-174

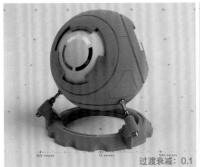

图4-175

创建一个蓝色发光材质,将"菲尼尔"节点输出至"标准材质"节点中的Opacity Color端口,如图4-176所示。通过调节"过渡衰减"的数值可以获得X光片效果,如图4-177所示。

图4-176

图4-177

2.折射率

当勾选"采用折射率算法"时可以调整"折射率"相关参数,如图4-178所示。其中"折射率"的数值范围为1~2,"消光度(K)"可以让中心颜色与边缘颜色之间的过渡更加平滑,其数值越大,中心颜色越明显,如图4-179所示。

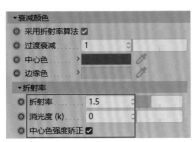

图4-178

图4-179

"中心色强度矫正"可以将中心颜色强度矫正，以便更好地匹配菲尼尔反射率，从而获得更真实的颜色效果，勾选前后的效果如图4-180所示。

创建一个金属材质，将"菲尼尔"节点输出至"标准材质"节点中的Base Color端口。在"RS菲尼尔"属性面板中设置"边缘色"为蓝色，"折射率"为2，"消光度（K）"为1，然后取消勾选"中心色强度矫正"，如图4-181所示。效果如图4-182所示。

图4-180　　　　　　　　　　图4-181　　　　　　　　　　图4-182

4.4.11 毛发位置

"毛发位置"节点可以输出头发的UV坐标，也可以定义发根与发梢的颜色。

01 将"毛发位置"节点拖曳至节点编辑器中，该节点中有两个输出端口，即Out Scalar和Out Vector，如图4-183所示。将"毛发位置"节点中的Out Scalar端口输出至"毛发"节点中的Irefl Color端口，如图4-184所示。通过黑白关系确定发根颜色与发梢颜色，输出前后的对比效果如图4-185所示。

02 创建"渐变"节点，在"RS渐变"属性面板中修改"渐变"颜色，如图4-186所示。效果如图4-187所示。

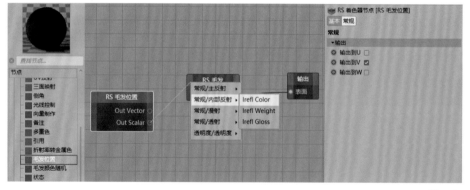

图4-183　　　　　　　　　　　　　　　　　　　　　　　　图4-184

图4-185　　　　　　　　　　图4-186　　　　　　　　　　图4-187

4.4.12 毛发颜色随机

"毛发颜色随机"节点可以为每根头发添加随机颜色，让头发颜色呈现出微妙的变化，有助于表现出真实的毛发效果。

将"毛发颜色随机"节点拖曳至节点编辑器中，并输出至"毛发"节点中的Irefl Color端口，如图4-188所示。在"RS毛发颜色随机"属性面板中可以通过设置"颜色"为头发设置基底色，如图4-189所示。

在"随机化"中可以设置"色相范围""饱和范围""范围值"，它们的取值范围都为0~1。图4-190所示是输出前后的对比效果。

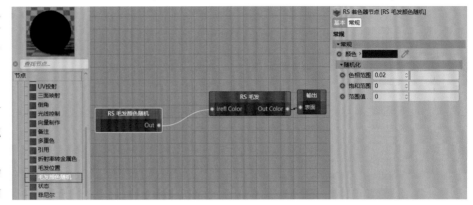

图4-188

图4-189

图4-190

4.4.13 用户数据

"用户数据"中包含了"变量用户数据""向量用户数据""整数型用户数据""文本用户数据""颜色用户数据"5种节点，较为常用的为"变量用户数据"和"颜色用户数据"节点。

将"颜色用户数据"节点拖曳至节点编辑器中，并输出至"标准材质"节点中的Base Color端口，如图4-191所示。

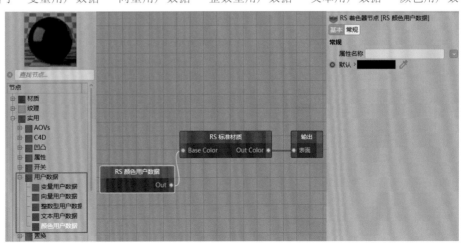

图4-191

1.Objects

01 进入"RS颜色用户数据"属性面板,"属性名称"中提供了3个类型,分别为MoGraph(克隆)、Objects(对象)、Particles(粒子)。选择Objects中的Object Color,如图4-192所示,Object Color可识别模型自身的颜色。效果如图4-193所示。

图4-192

图4-193

02 选中视图中的立方体,在"立方体"属性面板的"基本"选项卡中设置"显示颜色"为"开启",此时便可以为模型添加颜色,如图4-194所示。按照这个方法为所有的模型添加颜色,效果如图4-195所示。

图4-194

图4-195

如果模型自身的"显示颜色"处于关闭状态,那么可以创建"变量用户数据"节点,并在属性面板中设置"属性名称"为Objects中的Geometry ID Normalized,然后通过"渐变"节点让模型显示出颜色,如图4-196所示。

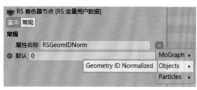

图4-196

2.MoGraph

在"RS颜色用户数据"属性面板中设置"属性名称"为MoGraph中的"颜色",如图4-197所示。效果如图4-198所示。可在"随机"属性面板的"参数"选项卡下设置"颜色模式"为"效果器颜色",如图4-199所示,从而改变克隆的随机颜色。效果如图4-200所示。

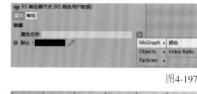

图4-197

图4-198

图4-199

图4-200

如果模型的"显示颜色"处于关闭状态，那么可以将"属性名称"设置为MoGraph中的Index Ratio，并通过"渐变"节点让克隆获得颜色信息，如图4-201所示。效果如图4-202所示。

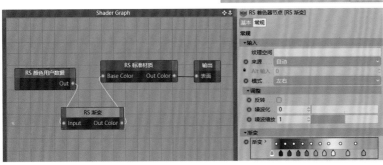

图4-201

图4-202

"颜色用户数据"节点显示的颜色是有序的渐变颜色，可以通过"变量用户数据"节点或"向量用户数据"节点让渐变颜色产生随机效果，如图4-203所示。两种节点的效果如图4-204所示。

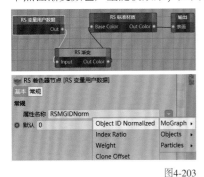

图4-203

变量用户数据

向量用户数据

图4-204

3.Particles

01 在"RS颜色用户数据"属性面板中设置"属性名称"为Particles中的Particle Color，如图4-205所示。效果如图4-206所示。

图4-205

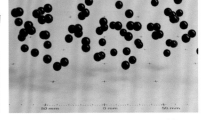

图4-206

02 此处使用的是Cinema 4D默认的粒子发射器，并不是X-Particles粒子。创建"渐变"节点让粒子获取随机颜色，如图4-207所示。效果如图4-208所示。

图4-207

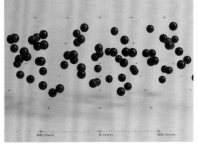

图4-208

03 在使用"颜色用户数据"节点的情况下,"渐变"节点并不能让Cinema 4D的默认粒子产生随机颜色,需要创建"变量用户数据"节点,然后设置"属性名称"为Particles中的Age,如图4-209所示,才能产生随机颜色。效果如图4-210所示。

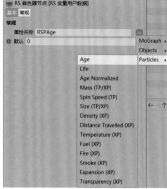
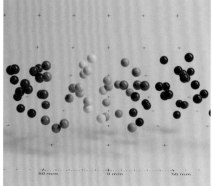

> **提示** "颜色用户数据" 节点支持X-Particles粒子,"变量用户数据" 节点支持Cinema 4D的默认粒子、X-Particles粒子和Thinking Particles粒子,"向量用户数据" 节点支持X-Particles粒子、Thinking Particles粒子。

图4-209   图4-210

4.5 Redshift数学节点

Redshift数学节点中的节点类型丰富,常用于凹凸通道。本节将学习数学节点中的常用节点,如"向量相乘""向量相加""向量相减""向量相除""向量混合""倒数""常量""范围重映射"等。

4.5.1 "向量"节点与"标量"节点之间的区别

"向量"节点可以读取RGB颜色,而"标量"节点只能读取黑白颜色。任意导入一张RGB纹理贴图,分别使用"向量相加"节点和"标量"中的"相加"节点进行测试,效果如图4-211所示。

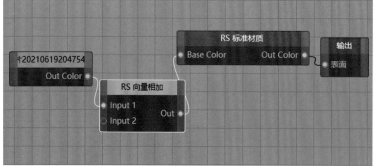

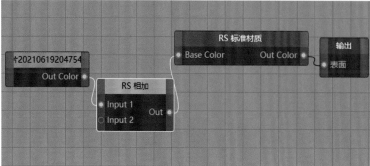

图4-211

4.5.2 向量混合

01 将"向量混合"节点拖曳至节点编辑器中，然后创建两个纹理贴图，并让它们分别与"向量混合"节点的Input 1和Input 2端口相连接，接着将"向量混合"节点输出至"标准材质"节点中的Base Color端口，如图4-212所示。

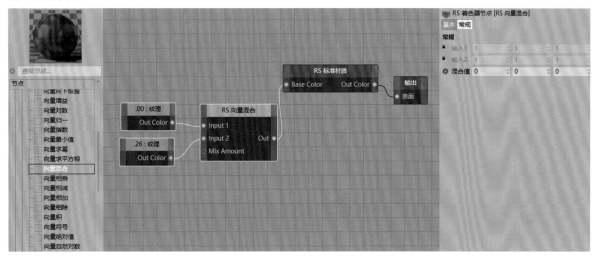

图4-212

02 在"RS向量混合"属性面板中将"混合值"分别设置为（0,0,0）（0.5,0.5,0.5）（1,1,1），效果如图4-213所示。

混合值：（0, 0, 0）　　　混合值：（0.5, 0.5, 0.5）　　　混合值：（1, 1, 1）

图4-213

03 创建"噪波"节点，并将其输出至"向量混合"节点中的Mix Amount端口，如图4-214所示。效果如图4-215所示。

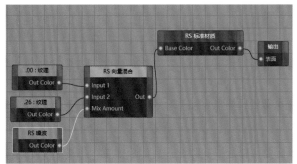

图4-214　　　　　　　　　　　　　　　　　　　图4-215

4.5.3 向量相乘

"向量相乘"节点可以对纹理的暗部进行叠加，与Photoshop中的"正片叠底"原理相同。

将"向量相乘"节点拖曳至节点编辑器中，创建两个纹理贴图，并将它们分别输出至"向量相乘"节点中的Input 1和Input 2端口，然后将"向量相乘"节点输出至"标准材质"节点中的Base Color端口，如图4-216所示。效果如图4-217所示。

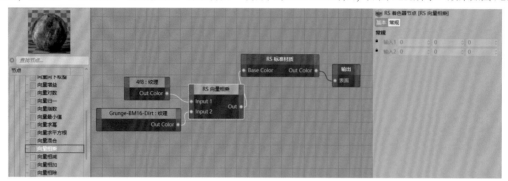

图4-216

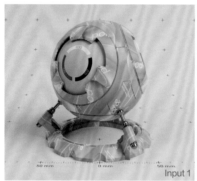

图4-217

4.5.4 向量相加

"向量相加"节点可以对纹理的亮部进行叠加，与Photoshop中的"滤色"原理相同。

将"向量相加"节点拖曳至节点编辑器中，创建两个纹理贴图，并将它们分别输出至"向量相加"节点中的Input 1和Input 2端口，然后将"向量相加"节点输出至"标准材质"节点中的Base Color端口，如图4-218所示。效果如图4-219所示。

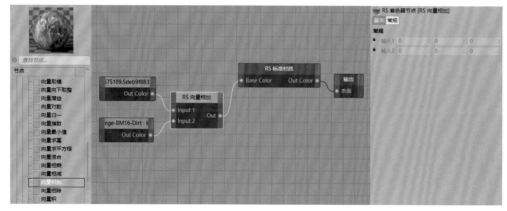

图4-218

图4-219

4.5.5 向量相减、相除

"向量相减"和"向量相除"节点是对两组输入值进行减法或除法运算并输出结果。

将"向量相减"节点拖曳至节点编辑器，将纹理贴图输出至"向量相减"节点中的Input 1端口，然后创建"噪波"节点，并将其输出至"向量相减"节点中的Input 2端口，接着将"向量相减"节点输出至"标准材质"节点中的Base Color端口，如图4-220所示。将"向量相除"节点拖曳至节点编辑器中，其余操作同上。效果如图4-221所示。

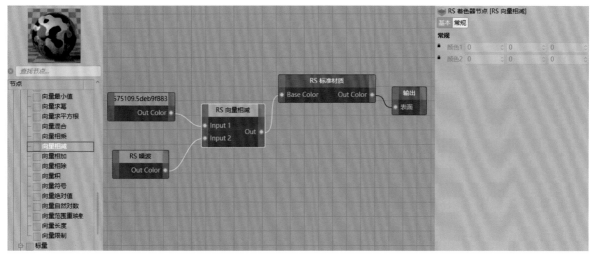

图4-220

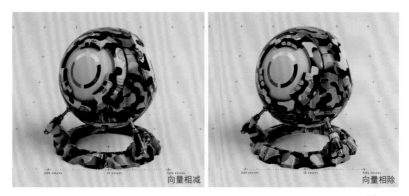

图4-221

提示 减法运算与除法运算是反相的关系，减法运算是保留黑色，除法运算是保留白色。

4.5.6 常量

　　"常量"节点与"标量"中的"倒数"节点通常用于统一调整纹理贴图的比例、偏移距离和旋转角度等。

01 将"常量"节点拖曳至节点编辑器中，并将其输出至纹理贴图中的Scale端口，如图4-222所示。

02 在"常数"属性面板中通过设置"数值"来调整UV比例，如图4-223所示。图4-224所示分别是"数值"为1、2和3时的效果。

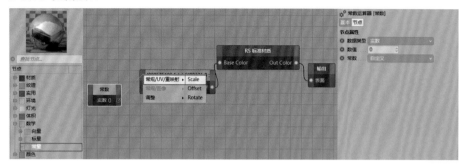

图4-222　　　　　　　　　　　　　　　　　图4-223

 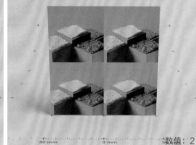 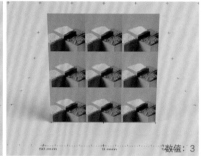

数值：1　　　　　　　　数值：2　　　　　　　　数值：3

图4-224

　　创建"材质图层"节点，用于区分一个平面上的两种纹理贴图，然后创建"倒数"节点，并将其输出至纹理贴图中的Scale端口，如图4-225所示，这种方法与使用"常量"节点产生的效果相同。在"RS倒数"属性面板中设置"输入值"分别为1、0.5和0.3，效果如图4-226所示。

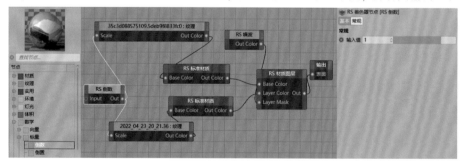

图4-225

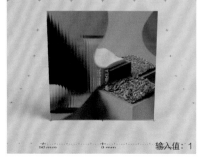 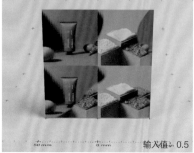 

输入值：1　　　　　　　输入值：0.5　　　　　　输入值：0.3

图4-226

4.5.7 范围重映射

"范围重映射"节点会输出一个最小值和一个最大值进行重映射，用于控制纹理颜色范围。

01 将"范围重映射"节点拖曳至节点编辑器中，创建一个纹理贴图并输出至"范围重映射"节点中的Input端口，然后将"范围重映射"节点输出至"标准材质"节点中的Base Color端口，如图4-227所示。

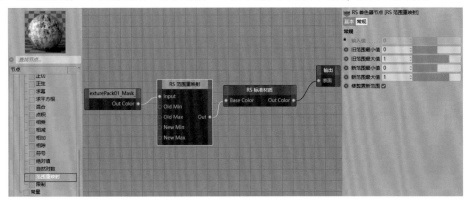

图4-227

02 在"RS范围重映射"属性面板中调整新旧范围的最小值和最大值，控制黑白纹理的信息范围，如图4-228所示。图4-229所示是"旧范围最小值"为0.5和"新范围最大值"为2时的效果。

图4-228

图4-229

4.6 Redshift颜色节点

颜色节点也是Redshift节点的重要组成部分，其中包括"HSV转Color""调整HSL""颜色""颜色倒置"等节点。

4.6.1 HSV转Color

"HSV转Color"节点可以将HSV色调、饱和度、亮度转成RGB的红色、绿色、蓝色的向量模式，如图4-230所示。

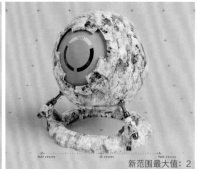

图4-230

4.6.2 调整HSL

　　"调整HSL"节点可以帮助我们调整颜色的色相、饱和度、亮度。

01 将"调整HSL"节点拖曳至节点编辑器中，并输出至"标准材质"节点中的Base Color端口。添加一张纹理贴图，并输出至"调整HSL"节点的In Color端口，如图4-231所示。

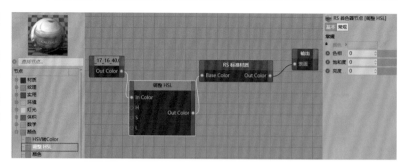

图4-231

02 进入"调整HSL"属性面板，可通过设置"色相""饱和度""亮度"的数值对纹理进行二次修改。设置"色相"为-0.9，"饱和度"为1，"亮度"为0，如图4-232所示，效果如图4-233所示。调整前的效果如图4-234所示。

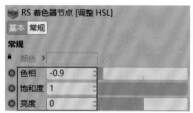

图4-232

图4-233

图4-234

4.6.3 颜色

　　"颜色"节点可以单独为材质添加颜色。将"颜色"节点拖曳至节点编辑器中，并输出至"标准材质"节点中的Base Color端口，如图4-235所示。在"RS颜色"属性面板中分别设置Color为红色、绿色和蓝色，效果如图4-236所示。

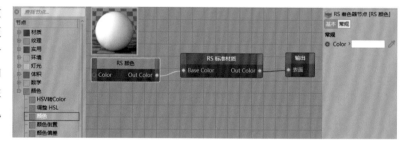

图4-235

图4-236

4.6.4 颜色倒置

"颜色倒置"节点可以对黑白纹理进行反转,通常用于粗糙度、凹凸通道中。需要注意的是该节点不支持RGB颜色。添加一张黑白纹理贴图并输出至"颜色倒置"节点中的Input端口,然后将"颜色倒置"节点输出至"标准材质"节点中的Base Color端口,如图4-237所示。效果如图4-238所示。

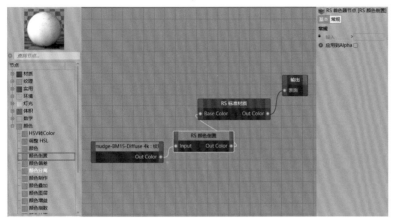

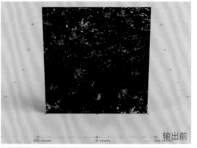
输出前

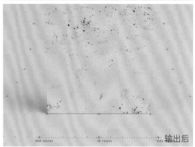
输出后

图4-237

图4-238

4.6.5 颜色偏差

"颜色偏差"节点可根据偏差值准确地修改纹理暗部的色调。添加一张RGB颜色的纹理贴图并输出至"颜色偏差"节点中的Input端口,然后将"颜色偏差"节点输出至"标准材质"节点中的Base Color端口,如图4-239所示。在"RS颜色偏差"属性面板中设置纹理的"偏差值",从而调整整体色调,如图4-240所示。原图如图4-241所示。将"偏差值"分别设置为黄色和青色的效果如图4-242所示。

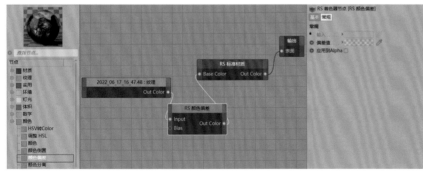

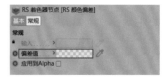

图4-239

图4-240

图4-241

偏差值:青色

图4-242

4.6.6 颜色分离、制作

"颜色分离"节点可以将纹理按照RGBA模式提取出来。"颜色制作"节点可以将颜色纹理按照红色、绿色、蓝色和Alpha通道单独输出。

添加一张RGB颜色的纹理贴图并输出至"颜色制作"节点中的Red端口，然后将"颜色制作"节点输出至"标准材质"节点中的Base Color端口，如图4-243所示。效果如图4-244所示。按照此方法分别输出绿色、蓝色、Alpha通道的图像，效果如图4-245所示。

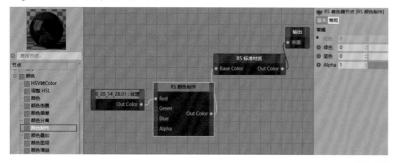

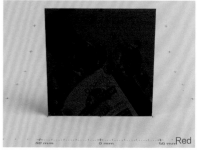

图4-243

图4-244

图4-245

"颜色分离"节点通常用于将RGB颜色模式的图像转为灰度图，节点的连接方式如图4-246所示。效果如图4-247所示。

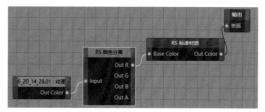

图4-246

图4-247

4.6.7 颜色叠加

"颜色叠加"节点可以多种方式混合两种颜色纹理。

添加两张纹理贴图并分别输出至"颜色叠加"节点的Base Color和Blend Color端口，然后将"颜色叠加"节点输出至"标准材质"节点中的Base Color端口，如图4-248所示。

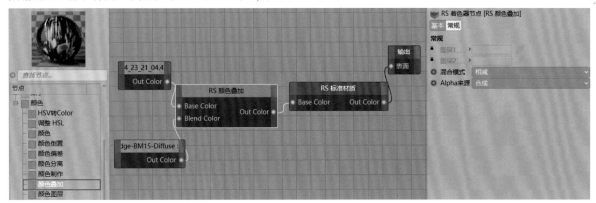

图4-248

在"RS颜色叠加"属性面板中可以设置"混合模式"，如图4-249所示。其中"图层1"和"图层2"的效果如图4-250所示。

  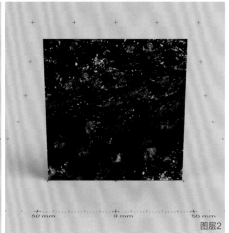

图4-249

图4-250

除了"图层1""图层2"外，常用的混合模式还有"相加""相减""相乘"，效果如图4-251所示。

图4-251

4.6.8 颜色图层

"颜色图层"节点是"颜色叠加"节点的升级版，它可以支持8层纹理的叠加，通常用于贴花或制作多层污垢效果。

01 将"颜色图层"节点拖曳至节点编辑器中，并输出至"标准材质"节点中的Base Color端口，如图4-252所示。

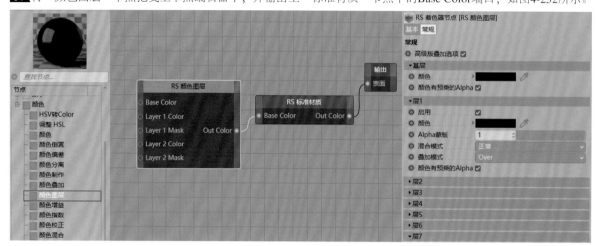

图4-252

02 勾选"高级版叠加选项"时可以更好地控制图层的叠加方式。"基层"用于设置多层纹理的基底颜色，所有后续的"层"都将应用在此之上。导入一张纹理贴图并输出至"颜色图层"节点中的Base Color端口，如图4-253所示。效果如图4-254所示。

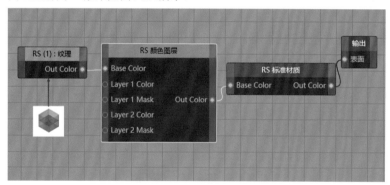

图4-253

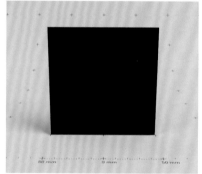

图4-254

03 由于基底颜色需要与"层1"颜色混合才可以被看到，因此需要给"层1"添加另一张纹理贴图，如图4-255所示。

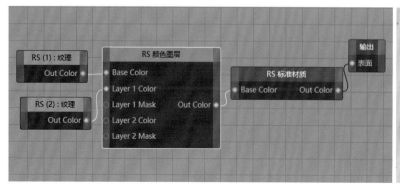

纹理贴图

图4-255

设置不同的"混合模式",效果如图4-256所示。

图4-256

4.6.9 颜色增益

"颜色增益"节点与"颜色偏差"节点相似,都是通过参数值来修改颜色的,不同点在于"颜色增益"节点需要通过相反色来设置颜色。

01 导入一张砖块纹理贴图并输出至"颜色增益"节点中的Input端口,然后将"颜色增益"节点输出至"标准材质"节点中的Base Color端口,如图4-257所示。

02 在属性面板中设置"增益值"为黄色,渲染结果却是蓝色的,如图4-258所示。此时需要通过相反色来确定正确的颜色,如图4-259所示。效果如图4-260所示。

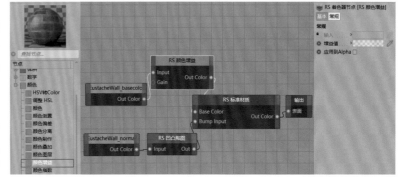

图4-257

图4-258

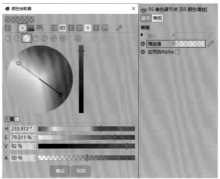

图4-259

图4-260

4.6.10 颜色校正

"颜色校正"节点可以通过"伽马""对比度""色相""饱和度"来调整颜色。

导入一张砖块纹理贴图并输出至"颜色校正"节点中的Input端口，然后再将"颜色校正"节点输出至"标准材质"节点中的Base Color端口，如图4-261所示。

"伽马"可用于调整颜色的明暗度，当"伽马"数值为1时，表示不应用"颜色校正"，如图4-262所示。图4-263
所示是"伽马"分别为0.5、1和2时的效果。

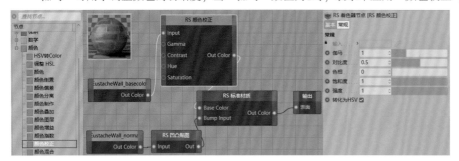

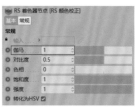

图4-261 图4-262

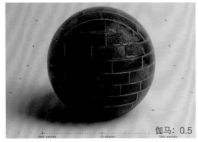  

图4-263

"对比度"可用于调整颜色明暗的对比度。当"对比度"数值为0.5时，表示无对比度调整；当数值小于0.5时，表示降低对比度；当数值大于0.5时，表示增加对比度。图4-264所示是"对比度"分别为0.1、0.5和0.7时的效果。

 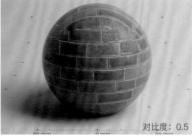 

图4-264

"色相"可以用于改变颜色，其数值最大可以达到360。图4-265所示是"色相"分别为50、150和270时的效果。

图4-265

"饱和度"可以提高或降低颜色的饱和度。"饱和度"为0时，表示没有颜色。以"色相"为270的球体为例，依次设置"饱和度"为0、2和4，效果如图4-266所示。

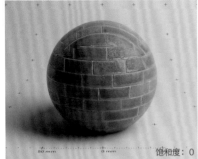

图4-266

"强度"可以提高或降低颜色的亮度。图4-267所示是"强度"分别为0、2和4时的效果。

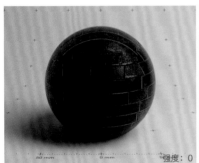

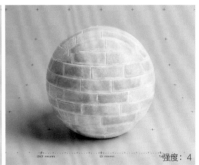

图4-267

4.6.11 颜色混合

"颜色混合"节点允许使用两张纹理贴图进行混合。

01 导入两张砖块纹理贴图，并为其设置不同的颜色，然后将它们分别输出至"颜色混合"节点中的Input 1和Input 2端口，接着将"颜色混合"节点输出至"标准材质"节点中的Base Color端口，如图4-268所示。效果如图4-269所示。

砖块纹理1

砖块纹理2

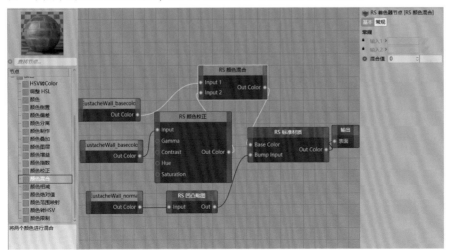

图4-268

图4-269

02 导入一张贴花纹理贴图并输出至"颜色混合"节点中的Mix Amount端口作为遮罩，以区分不同的砖块纹理，如图4-270所示。效果如图4-271所示。

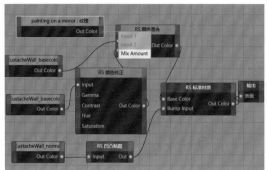  

图4-270   图4-271

案例训练：边缘磨损

场景文件　场景文件 > CH04 > 案例训练：边缘磨损
实例文件　实例文件 > CH04 > 案例训练：边缘磨损
学习目标　掌握Redshift纹理节点的使用方法

边缘磨损的效果如图4-272所示。

1.创建材质

01 执行"文件 > 打开 > 场景文件 > CH04 > 案例训练：边缘磨损"菜单命令，打开场景文件，如图4-273所示。

图4-272

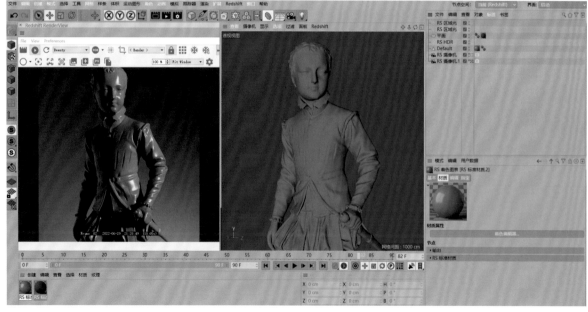

图4-273

02 执行"渲染 > 编辑渲染设置"菜单命令，打开"渲染设置"对话框，设置"渲染器"为Redshift，如图4-274

所示。选择Redshift，在"GI"选项卡下设置"主GI引擎"为"暴力"，"追踪深度"为4，"次要引擎"为"暴力"，"暴力光线"为8，如图4-275所示。

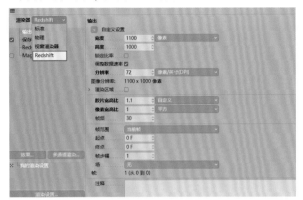

图4-274   图4-275

03 双击Redshift材质球进入节点编辑器，导入一张纹理贴图并将"颜色空间"设置为sRGB，然后将纹理贴图输出至"标准材质"节点中的Base Color端口，如图4-276所示。效果如图4-277所示。

图4-276   图4-277

04 创建"三面映射"节点，以控制贴图的UV坐标，在属性面板中设置"交界羽化"为0.5，"比例"为（0.005，0.005，0.005），如图4-278所示。效果如图4-279所示。创建"渐变"节点，然后在属性面板中设置"渐变"为青色，如图4-280所示。效果如图4-281所示。

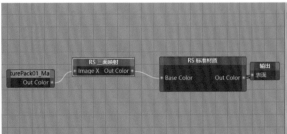

图4-278   图4-279

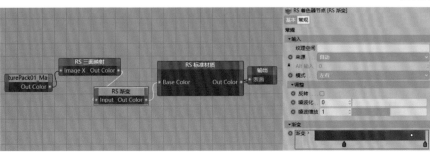

图4-280   图4-281

05 创建"材质图层"节点，然后复制"标准材质"节点并将"颜色"设置为红色，接着将第1个"标准材质"节点输出至"材质图层"节点中的Base Color端口，将第2个"标准材质"节点输出至"材质图层"节点中的Layer Color端口，如图4-282所示。效果如图4-283所示。

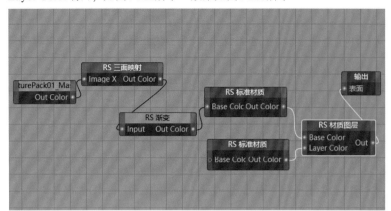

图4-282   图4-283

06 添加"曲率"节点并输出至"材质图层"节点中的Layer Mask端口作为遮罩，用于区分两个"标准材质"节点，然后可以在"RS曲率"属性面板中设置"重映射"的相关参数，如图4-284所示。效果如图4-285所示。

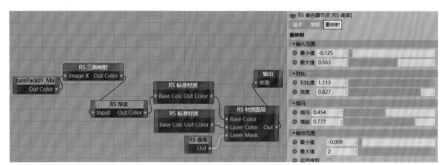

图4-284   图4-285

07 创建"范围重映射"节点，然后在属性面板中设置"新范围最小值"为-0.5，"新范围最大值"为20，如图4-286所示。效果如图4-287所示。

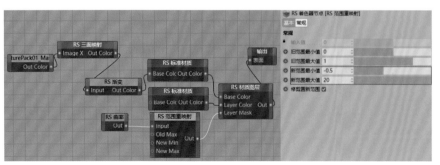

图4-286   图4-287

2.制作边缘磨损效果

01 为了让两个"标准材质"有更多的细节，复制"渐变"节点并调整"渐变"的黑白关系，从而影响曲率的半径，如图4-288所示。效果如图4-289所示。

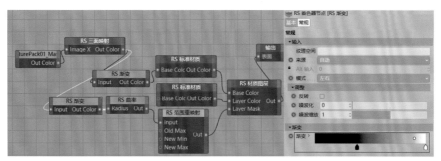

图4-288

图4-289

02 曲率细节确定后，需要将第2个"标准材质"节点的"颜色"设置为黑色，将"反射"中的"颜色"设置为金黄色，"折射率"设置为2，如图4-290所示。复制"渐变"节点，调整"渐变"颜色，并输出至第2个"标准材质"节点中的Refl Roughness端口，如图4-291所示。效果如图4-292所示。

图4-290

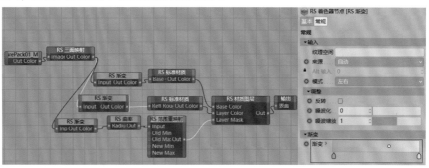

图4-291

图4-292

03 添加"渐变"节点，以控制第1个"标准材质"的反射粗糙度，让画面表现出磨砂的效果，如图4-293所示。效果如图4-294所示。复制纹理贴图与"三面映射"节点，添加"凹凸贴图"节点，然后将纹理贴图中的"颜色空间"设置为Raw，将"三面映射"节点输出至"凹凸贴图"节点的Input端口，接着将"凹凸贴图"节点输出至第1个"标准材质"节点中的Bump Input端口，最后将凹凸的"强度"设置为0.5，如图4-295所示。效果如图4-296所示。

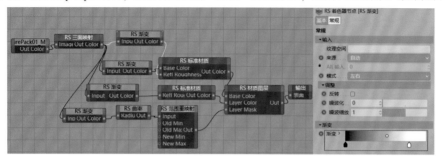

图4-293

图4-294

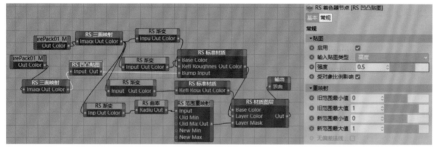

图4-295　　　　　　　　　　　　　　　　　　　图4-296

04 导入一张新的纹理贴图，然后创建"三面映射"节点制作表面刮痕，设置"比例"为（0.01,0.01,0.01）。为了让刮痕表现出凹的效果，需要添加"颜色倒置"节点和"渐变"节点来控制刮痕的效果，如图4-297所示。效果如图4-298所示。

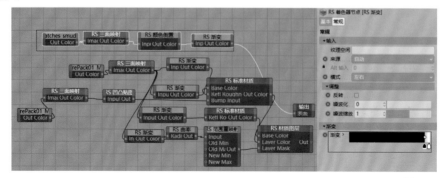

图4-297

图4-298

05 创建"颜色叠加"节点，将两套影响凹凸效果的纹理贴图分别输出至"颜色叠加"节点中的Base Color和Blend Color端口，并将"混合模式"设置为"相加"，如图4-299所示。创建"倒角"节点，让雕像内部产生黑白关系，然后将"颜色叠加"节点输出至"倒角"节点中的Radius端口，如图4-300所示。效果如图4-301所示。

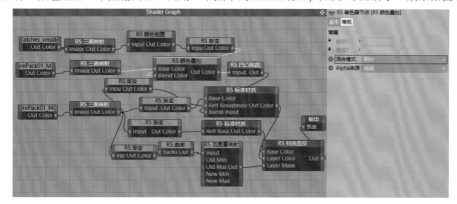

图4-299

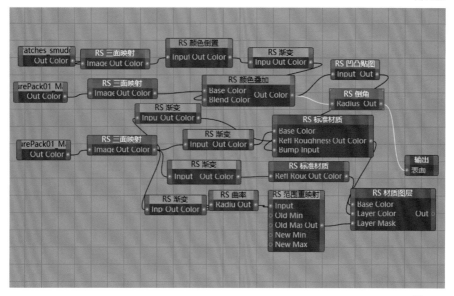

图4-300

倒角：叠加前　　　　　　　　　　　　　　　　　　倒角：叠加后

图4-301

06 创建"凹凸混合"节点，将"凹凸贴图"节点输出至"凹凸混合"节点中的Base Input端口，将"倒角"节点输出至"凹凸混合"节点中的Bump Input 0端口，然后设置"混合强度"为0.5，最后将"凹凸混合"节点输出至第2个"标准材质"节点中的Bump Input端口，如图4-302所示。效果如图4-303所示。

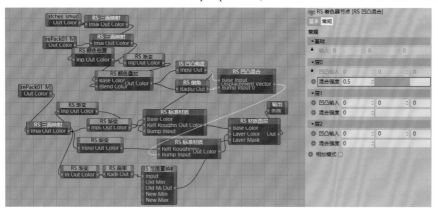

图4-302　　　　　　　　　　　　　　　　　　　　　图4-303

07 单击工具栏中的齿轮按钮 ✿，勾选Color Controls: Global(颜色控件：全局)、Photographic Exposure: Global(摄影曝光：全局)、Flare: Global(光斑：全局)、Magic Bullet Looks(调色)，如图4-304所示。最终效果如图4-305所示。

图4-304　　　　　　　　　　　　　　　　　　　　　图4-305

案例训练：黄金印记

场景文件	场景文件 > CH04 > 案例训练：黄金印记
实例文件	实例文件 > CH04 > 案例训练：黄金印记
学习目标	掌握Redshift凹凸节点的使用方法

黄金印记的效果如图4-306所示。

图4-306

1.创建黄金材质

01 执行"文件 > 打开 > 场景文件 > CH04 > 案例训练：黄金印记"菜单命令，打开场景文件，如图4-307所示。
执行"渲染 > 编辑渲染设置"菜单命令，打开"渲染设置"对话框，设置"渲染器"为Redshift，如图4-308所
示。选择Redshift，在"GI"选项卡下设置"主GI引擎"为"暴力"，"追踪深度"为4，"次要引擎"为"暴力"，
"暴力光线"为8，如图4-309所示。

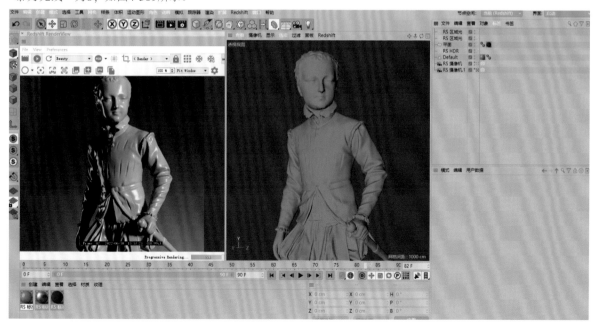

图4-307

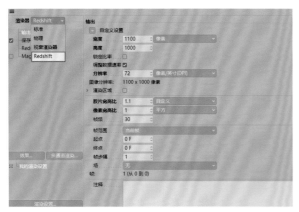

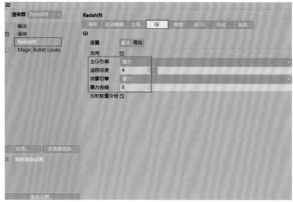

图4-308
　　　　　　　　　　　　　　　　　　　　图4-309

02 双击Redshift材质球进入节点编辑器，创建"渐变"节点并设置"渐变"为金黄色，然后将"渐变"节点输出至"标准材质"节点中的Refl Color端口，设置"基础"中的"颜色"为黑色，"折射率"为8，如图4-310所示。效果如图4-311所示。

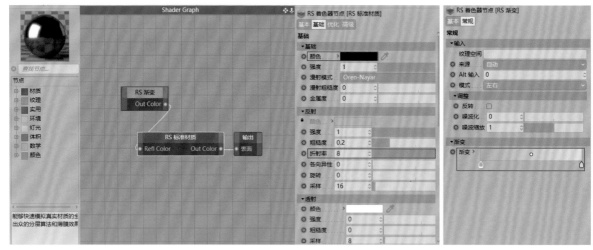

图4-310

图4-311

03 导入一张纹理贴图（后续统称为纹理1），并将"颜色空间"设置为sRGB，然后创建"渐变"节点来控制反射层的粗糙度，制作出金属磨砂的效果，如图4-312所示。效果如图4-313所示。

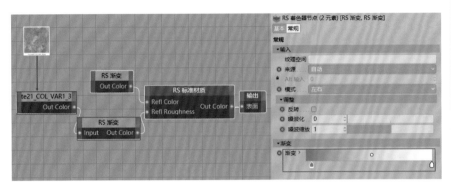

图4-312　　　　　　　　　　　　　　　　　　图4-313

2.制作凹凸和划痕效果

01 创建"凹凸贴图"节点，然后复制纹理1，并将"颜色空间"设置为Raw。将复制的纹理1输出至"凹凸贴图"节点中的Input端口，然后设置凹凸"强度"为0.6，接着将"凹凸贴图"节点输出至"标准材质"节点中的Bump Input端口，如图4-314所示。效果如图4-315所示。

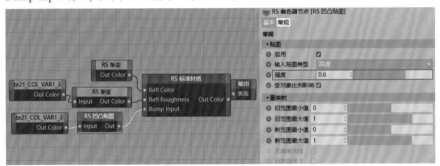

图4-314　　　　　　　　　　　　　　　　　　图4-315

02 为了增加凹凸的细节，导入一张纹理贴图（后续统称为纹理2）。创建"渐变"节点以调整黑白关系，然后创建"标量"中的"相加"节点，对纹理1和纹理2进行叠加，如图4-316所示。效果如图4-317所示。

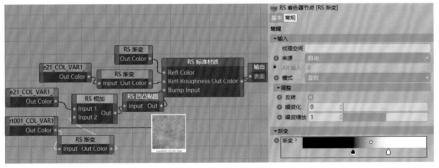

图4-316　　　　　　　　　　　　　　　　　　图4-317

03 复制"凹凸贴图"节点，然后设置"强度"为-2；接着导入一张表面划痕纹理贴图，设置"比例"为(0.5,0.5)，"偏移"为(0.7,0.3)，如图4-318所示。效果如图4-319所示。

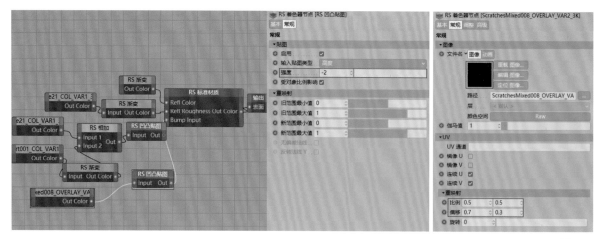

图4-318

图4-319

04 现在分别得到了表面凹凸和划痕效果，需要创建"凹凸混合"节点对两个效果进行融合，设置"混合强度"为0.6，如图4-320所示。效果如图4-321所示。

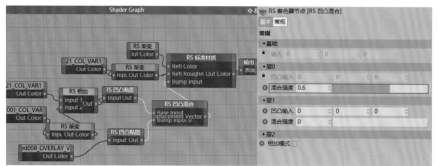

图4-320

图4-321

05 创建"材质混合"节点并输出至"表面"端口，复制"标准材质"节点，将第1个"标准材质"节点输出至"材质混合"节点中的Base Color端口，将第2个"标准材质"节点输出至"材质混合"节点中的Layer Color 1端口。创建"曲率"节点，在"重映射"选项卡中设置"输入范围"，然后将该节点输出至"材质混合"节点中的Blend Color 1端口作为遮罩。最后将第2个"标准材质"节点的"渐变"颜色设置为红色，用于区分第1个材质与第2个材质，如图4-322所示。效果如图4-323所示。

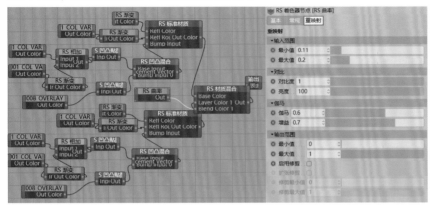

图4-322　　　　　　　　　　　　　　图4-323

06 创建"范围重映射"节点，重新设置曲率的范围，设置"新范围最小值"为0.02，"新范围最大值"为10，如图4-324所示。曲率范围确定后，将第2个"标准材质"节点的"渐变"颜色设置为金黄色，如图4-325所示。

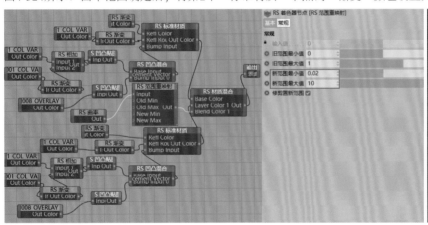

图4-324

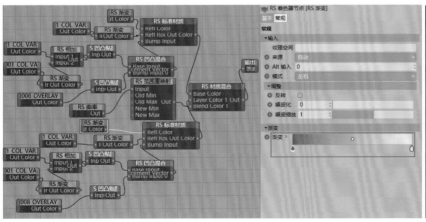

图4-325

07 由于第2个"标准材质"的凹凸效果只存在于对象边缘，因此不需要过多的细节，可以删除重复的"凹凸贴图"。导入一张法线贴图，设置"颜色空间"为Raw来控制边缘磨损效果，接着在"RS凹凸贴图"属性面板中设置"输入贴图类型"为"法线（切线空间）"，"强度"为2，如图4-326所示。效果如图4-327所示。

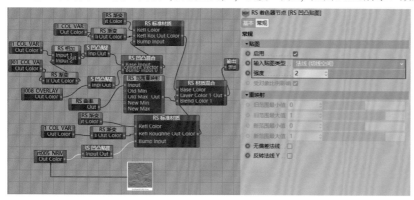

图4-326　　　　　　　　　　　　　　　　　　　图4-327

08 新建一个"标准材质"节点，设置"基础"中的"颜色"为青色，"反射"中的"粗糙度"为1，然后将与第1个"标准材质"节点相连的"凹凸贴图"节点直接输出至第3个"标准材质"节点中的Bump Input端口，接着将第3个"标准材质"节点输出至"材质混合"节点中的Layer Color 2端口，如图4-328所示。

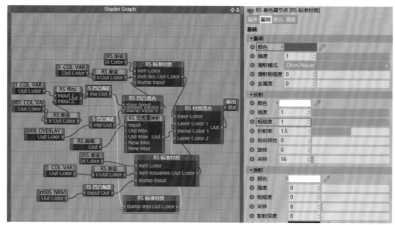

图4-328

09 复制"曲率"和"范围重映射"节点，将复制的"范围重映射"节点输出至"材质混合"节点中的Blend Color 2端口；然后选择"曲率"节点，设置"模式"为"凹"，"半径"为1，如图4-329所示。效果如图4-330所示。

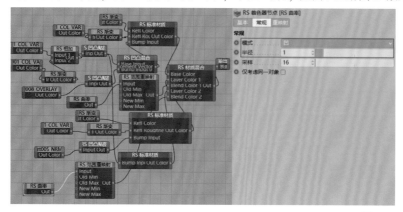

图4-329

图4-330

3.制作落灰效果

01 将第3个"标准材质"节点输出至"材质混合"节点中的Layer Color 3端口，添加"状态"节点作为遮罩，如图4-331所示。效果如图4-332所示。直接输出"状态"节点会影响"颜色空间"，因此需要添加"颜色分离"节点，将其Out G端口输出至"材质混合"节点中的Blend Color 3端口，如图4-333所示。效果如图4-334所示。

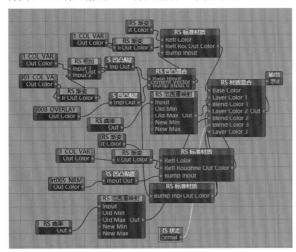

图4-331

图4-332

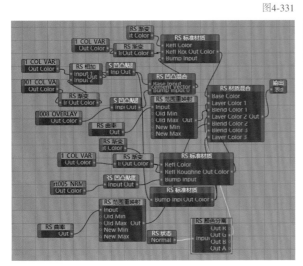

图4-333

图4-334

02 此时落灰的效果就制作出来了，如果想要控制落灰的范围，可以添加"范围重映射"节点，具体参数和连接如图4-335所示。效果如图4-336所示。单击工具栏中的齿轮按钮 ✿，勾选Color Controls: Global、Photographic Exposure: Global、Flare: Global、Magic Bullet Looks，如图4-337所示。最终效果如图4-338所示。

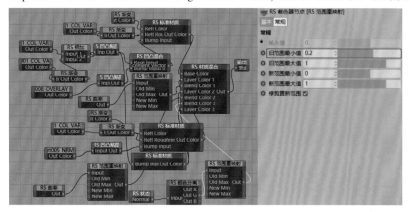

图4-335   图4-336

图4-337   图4-338

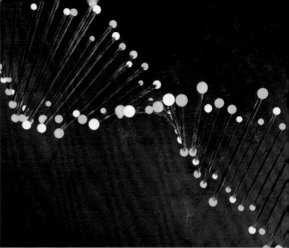

第 **5** 章

Redshift摄像机、对象标签、对象实例与代理文件

■ 本章简介

    本章主要讲解Redshift摄像机、对象标签、对象实例和代理文件的相关参数和使用方法，并通过这些功能制作出贴近现实的效果。

■ 主要内容

· Redshift摄像机   · Redshift对象标签   · Redshift对象实例   · Redshift代理文件

5.1 Redshift摄像机

焦距通常以毫米为单位，表示从胶片或传感器到镜头光学中心的距离。焦距和视野存在着直接的非线性关系。焦距越长，视野越窄；焦距越短，视野越宽。而焦距与画面中主体的外观尺寸存在着直接的线性关系。

焦距为18mm～28mm的摄像机适合用于广角拍摄，如拍摄风景、城市景观、狭窄的室内或带有透视效果的戏剧性照片。焦距为35mm～55mm的摄像机适合用于拍摄具有"自然"视角的照片。焦距为80mm～200mm的摄像机适合用于拍摄长镜头和人像。焦距为200mm～1200mm的摄像机适合用于拍摄较长的影片，例如拍摄野生动物或运动类型影片。不同焦距的摄像机的拍摄效果如图5-1所示。

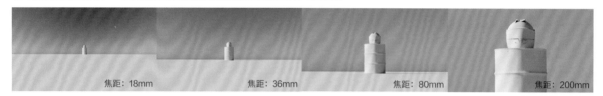

焦距: 18mm　　　　焦距: 36mm　　　　焦距: 80mm　　　　焦距: 200mm

图5-1

5.1.1 摄像机类型

Redshift摄像机中包含了5种摄像机类型，分别为"标准""鱼眼""球形""圆柱体""立体球面"。

1. "标准"摄像机

执行"Redshift＞相机"菜单命令，可在子菜单中选择摄像机类型，如图5-2所示。Redshift摄像机创建完成后，可以在"对象"面板中选择"相机"标签，然后在"RS摄像机"属性面板的"相机类型"中切换摄像机类型，如图5-3所示。

2. "鱼眼"摄像机

图5-2　　　　　　　　　　　　　　　　　　　图5-3

"鱼眼"摄像机的镜头可以捕捉圆形失真的超广角图像。不过，在特殊情况下，失真在美学上也是合乎要求的。首先观察图5-4所示的场景图中摄像机与球体的位置关系，然后对比一下"标准"摄像机和"鱼眼"摄像机拍摄到的画面，明显可以看到"鱼眼"摄像机拍摄到的球体更多，如图5-5所示。

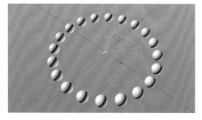

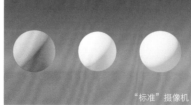

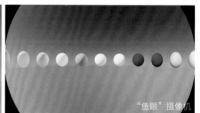

图5-4　　　　　　　　　　　　　图5-5

3. "球形"摄像机

"球形"摄像机可以捕捉到360°的全景图，生成的图像被称为"纬度-经度"图像，它可以被用作环境贴图或圆顶光纹理，如图5-6所示。

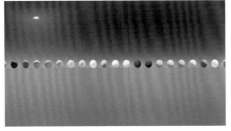

图5-6

4. "圆柱体"摄像机

"圆柱体"摄像机与"球形"摄像机类似。在"圆柱体"摄像机模式下可以自定义"水平视野"和"垂直视野"的范围。在"RS摄像机"属性面板中勾选"正交圆柱"后，可以通过"水平视野"控制宽度和正交高度。图5-7所示是"水平视野"分别为10和100时的效果。

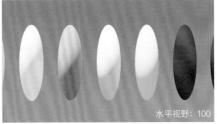

图5-7

不勾选"正交圆柱"时可以通过"垂直视野"控制宽度和正交高度。图5-8所示是"垂直视野"分别为50和180时的效果。

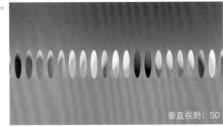

图5-8

5. "立体球面"摄像机

"立体球面"摄像机主要用于虚拟现实（VR）中，它可以使用各种不同的模式渲染立体全景图。以"并排"和"上下"模式为例，效果如图5-9所示。

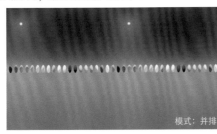
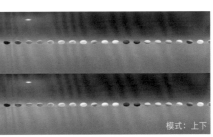

图5-9

5.1.2 散景

"散景"可以控制景深效果。在"RS摄像机"属性面板中勾选"覆盖"和"启用",如图5-10所示,摄像机能够聚焦在图像的单个物体上并模糊图像的其余部分。勾选前后的对比效果如图5-11所示。

覆盖、启用:未勾选

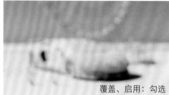
覆盖、启用:勾选

图5-10

图5-11

1.焦点设置

"源自摄像机"中提供了两种对焦模式用于控制景深,分别为"对焦距离""焦点距离和CoC半径",如图5-12所示。在对焦过程中移动摄像机的对焦点至需要对焦的物体(汽车)上,如图5-13所示。对焦完成后,前景的植物与背景的摩天轮就会被模糊掉,如图5-14所示。

图5-12

图5-13

图5-14

"模糊圈半径"可以用于控制景深效果的强度。数值越小,景深效果越弱;数值越大,景深效果越强。图5-15所示是"模糊圈半径"分别为4和8时的效果。

模糊圈半径:4

模糊圈半径:8

图5-15

"功率"也是用于控制景深效果的,它与"模糊圈半径"的区别在于模糊的形式不同。"模糊圈半径"可以视为高清模糊,"功率"可以视为径向模糊。"功率"分别为10和100时的对比效果如图5-16所示。

功率:10

功率:100

图5-16

"方向"可以压缩景深效果。数值较大时,可以纵向压缩景深效果;数值较小时,可以横向压缩景深效果,如图5-17所示。

图5-17

"叶片快门"是通过数量与角度来定义景深的模糊效果的。数值越大，景深形状越接近圆盘；数值越小，景深形状越棱角分明。

2.图像

除了景深效果之外，现实生活中的摄像机镜头有时还会出现一种叫作"色差"的伪影。"色差"是指根据光线到达镜头的角度，某些光会被反射而永远到不了摄像机，这种情况下会产生一种彩虹效果。而在"图像"中就可以设置这种彩虹效果，如图5-18所示。效果如图5-19所示。

图5-18

图5-19

5.1.3 失真

由于摄像机镜头是几何形状的，因此摄像机可以通过扭曲捕捉图像。可以通过"失真"选项卡中的"畸变图像"扭曲渲染镜头，从而形成最终效果，如图5-20所示。效果如图5-21所示。

图5-20

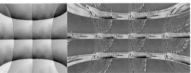

图5-21

5.1.4 LUT

LUT(Look Up Table，查找表) 可以通过预设文件调整整体的颜色。通常不会在相机标签中调整，而是单击

齿轮按钮 ✿ 并启用LUT File来调整，如图5-22所示。

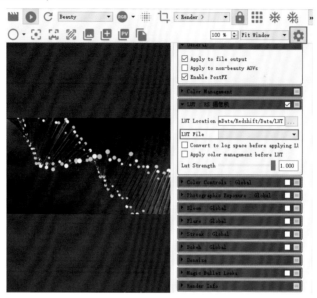

图5-22

5.1.5 色彩控制

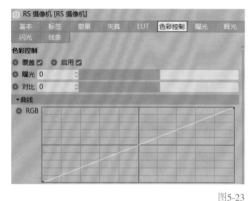

图5-23

"色彩控制"可调节画面的"曝光"和"对比"，还可以通过"曲线"单独调整颜色，如图5-23所示。图5-24所示是将"曝光"分别设置为−2和2时的效果。

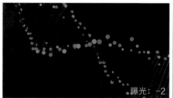

图5-24

5.1.6 曝光

当Redshift摄像机中的曝光镜头连接到摄像机时，可为用户提供物理相机控制，如ISO、f-stop、渐晕等。"曝光"选项卡下的相关参数如图5-25所示。

图5-25

1.胶片设置

"胶片速度（ISO）"的数值越大，胶卷在短时间内捕捉到的光线越多，拍摄的图像会越亮，如图5-26所示。当"胶片速度（ISO）"的数值较小时，通常需要较长的时间打开快门才能让胶卷捕捉到足够多的光线，从而拍摄的图像也会较暗。

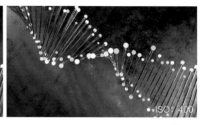

图5-26

"快门时间比""光圈级数"都是用于调整曝光的明暗关系的。"白平衡"用于控制图像中被视为"白色"的部分，可以通过设置颜色（互补色）改变图像的整体色调。图5-27所示是"白平衡"分别为红色、绿色和蓝色时的效果。

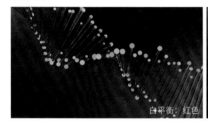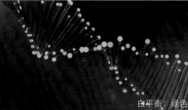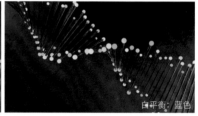

图5-27

如果光线是通过摄像机镜头到达胶片的，那么在这个过程中，一些光线可能会被吸收或反射，最终到达摄像机的光线会很少，从而会导致图像边缘变暗。而"光晕"可以调整图像边缘的暗部，从而提亮整个图像。图5-28所示是"光晕"分别为10、50和100时的效果。

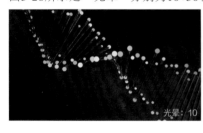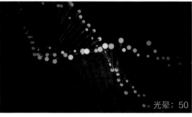

图5-28

2.色调映射

"色调映射"可以调节图像的亮部、暗部以及饱和度。将"饱和度"分别设置为1、2、4时的效果如图5-29所示。

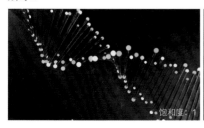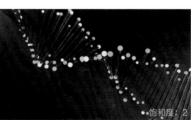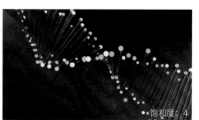

图5-29

5.1.7 辉光/闪光/线条

"辉光""闪光""线条"这3种形式可以模拟真实的光晕效果。"辉光"可以让模型边缘产生向外的辉光,"闪光"与Photoshop镜头的光晕相似,"线条"可以让辉光产生星形效果。效果如图5-30～图5-32所示。

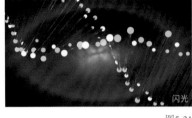
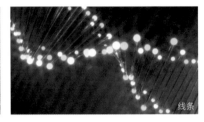

图5-30   图5-31   图5-32

5.2 Redshift对象标签

Redshift对象标签加载在不同的对象上会产生不同的效果,例如加载在样条上可以渲染样条,加载在粒子上可以渲染粒子。Redshift对象标签可以通过"可视""几何体""蒙版""对象ID""曲线""粒子"等选项卡中的参数制作出不同的效果。

5.2.1 可视

给玩偶添加对象标签。右键单击"玩偶"对象,然后选择"Redshift标签"中的"RS对象",如图5-33所示。

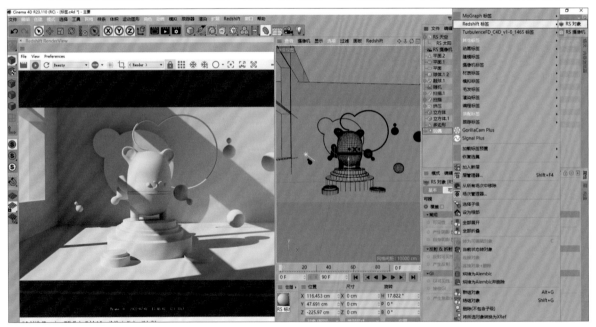

图5-33

"可视"是用于控制Redshift中每个对象的可见性的,也可以控制对象是否参与渲染的各个阶段,其相关参数如图5-34所示。其中"可见性"可以设置对象是否在渲染图像中可见。图5-35所示是勾选"可见性"前后的对比效果。

图5-34

图5-35

从照相机射出的光线称为初级光线，从物体表面射出的用于反射、折射或全局照明的光线称为二次光线。这里的"次光线可见性"可用于开启或关闭二次光线反弹。图5-36所示是勾选"次光线可见性"前后的对比效果。

图5-36

与阴影相关的参数控制着对象是否在渲染图像中投射阴影。阴影效果可以通过"产生阴影""接收阴影""自身阴影""产生环境吸收"进行设置，如图5-37所示。其中取消勾选"产生阴影"和"接收阴影"的效果如图5-38所示。

图5-37

图5-38

"反射可见性"控制着对象是否产生反射效果。如果对象的材质没有反射属性，那么此参数将无效。勾选"反射可见性"和不勾选"反射可见性"的效果如图5-39所示。

图5-39

"折射可见性"控制着对象是否产生折射效果。如果对象的材质没有折射属性，那么此参数将无效。勾选"折射可见性"和不勾选"折射可见性"的效果如图5-40所示。

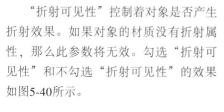

图5-40

GI决定着对象是否接收GI光子映射，如图5-41所示。不勾选"接收GI"表示对象将不会接收来自辐照缓存、蛮力、辐照点云、GI光子映射或焦散光子映射的任何光照。不勾选"GI可见性"和"接收GI"的效果如图5-42所示。

图5-41

图5-42

5.2.2 几何体

"几何体"是一种计算机图形技术，它通过在渲染时产生的多边形细分使粗糙的多边形网格变得平滑，其渲染速度比实体多边形细分要快一些，相关参数如图5-43所示。

图5-43

创建一个球体，然后创建"线框"节点查看渲染效果，接着右键单击"球体"对象，选择"Redshift标签"中的"RS对象"，如图5-44所示。在"RS对象"属性面板的"几何体"选项卡下勾选"启用"，此时的效果如图5-45所示。

"细分算法"中有两种不同的多边形细分算法，分别是用于三角形的Loop和用于四边形的Catmull-Clark，这两种算法也被称为"细分规则"。"平滑细分"控制着Redshift细分的平滑度，如果取消勾选，可获得较硬的四边形菱角，如图5-46所示。

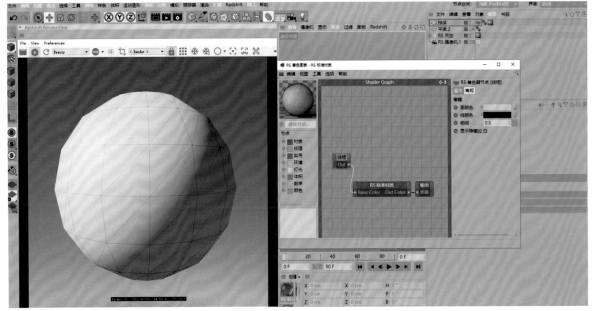

图5-44

 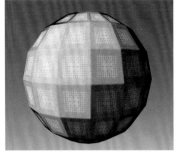

图5-45   图5-46

"最小边缘长度"的数值越小，网格细分越多；数值越大，网格细分越少。当数值为0时，将继续细分直至到达细分上限。图5-47所示是"最小边缘长度"分别为1、10和20时的效果。

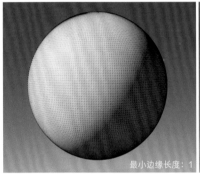  

图5-47

"最大细分"会以4倍的形式快速地增加多边形的数量。图5-48所示是"最大细分"分别为0、1和2时的效果。

图5-48

"置换"可以用于控制置换效果的最大长度。创建"置换"节点，此时纹理贴图还不会产生置换效果，需要在"RS对象"属性面板中勾选"启用"，并设置"最大置换"为100才能启用"置换"，如图5-49所示。启用"置换"前后的效果如图5-50所示。

图5-49

启用前   启用后

图5-50

"置换比例"可以缩放、位移（位移是指球表面凸起的位置或距离）置换，具有增强或降低位移置换的效果。图5-51所示是"置换比例"分别为2和4时的效果。

"启用自动凹凸映射"能够模拟表面的细节效果，但需要较长的渲染时间和更大的内存。勾选"启用自动凹凸映射"前后的对比效果如图5-52所示。

图5-51   图5-52

5.2.3 蒙版

"蒙版"在实景合成中可以无缝衔接实景与场景，同时能够精准地捕捉到阴影，其相关参数如图5-53所示。

图5-53

如果需要让图5-54所示的雕塑下的灰色圆盘与实景地面无缝衔接，那么就需要添加"RS对象"标签，并勾选"覆盖"。圆盘与实景地面无缝衔接后，勾选"阴影"中的"启用"，如图5-55所示，让圆盘看起来更加真实，阴影"颜色"可以自行设置。效果如图5-56所示。

勾选"显示背景"后圆盘与实景无缝衔接，取消勾选"显示背景"后圆盘就会显现出来，如图5-57所示。

图5-54   图5-55

图5-56   图5-57

可以为圆盘修改颜色（蓝色），如图5-58所示。当勾选"应用于次级光线"时表示不接收GI二次光线反弹，取消勾选时表示接收GI二次光线反弹，效果如图5-59所示。

图5-58　　　　　　　　　　　　　　　　　　　　图5-59

"受蒙版影响"和"包括Puzzle蒙版"可以单独输出蒙版以进行后期合成。以"包括Puzzle蒙版"为例，勾选"包括Puzzle蒙版"，然后在"对象ID"选项卡下设置"对象ID"为2，如图5-60所示。

图5-60

进入"RS AOV管理器"对话框，将"Puzzle蒙版"拖曳至右侧的列表中，然后设置"选项"中的"模式"为"对象ID"，"红色ID"为2，如图5-61所示。在渲染视图的工具栏中将Beauty修改为PuzzleMatte，如图5-62所示。

 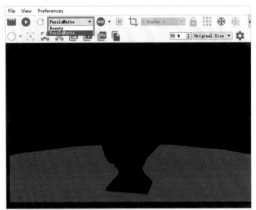

图5-61　　　　　　　　　　　　　　　　　　　　图5-62

当Alpha数值为1时，表示禁用Alpha通道；当Alpha数值为0时，表示启用Alpha通道，如图5-63所示。"反射比例""折射比例""漫射比例"可以控制圆盘是否接收反射、折射效果，前提是圆盘的材质具有反射或折射属性。

以"反射比例"为例，当数值为1时，表示启用反射效果；当数值为0时，表示禁用反射效果。效果如图5-64所示。

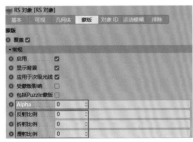  

图5-63　　　　　　　　　　　　　　　　　　　　图5-64

勾选"影响Alpha"后可以输出Alpha阴影通道，如图5-65所示。效果如图5-66所示。

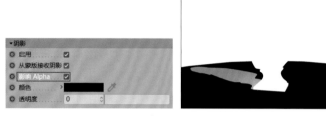

图5-65   图5-66

5.2.4 对象ID

"对象ID"可以为场景中的不同模型设置一个ID，然后通过"RS AOV管理器"对话框提取Alpha通道，其相关参数如图5-67所示。

图5-67

现在场景中共有3个玩偶模型。如果要为其中的一个玩偶设置Alpha通道，那么需要添加"RS对象"标签，然后在属性面板中设置"对象ID"为1。打开"RS AOV管理器"对话框，然后将"对象ID"拖曳至右侧的列表中，接着在"选项"中设置"名称"为1，如图5-68所示，即可单独提取Alpha通道。效果如图5-69所示。

图5-68

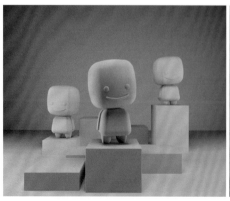 

图5-69

5.2.5 曲线

计算机图形技术除了可以计算几何体，还可以计算几何样条。创建"RS对象"标签，然后在"曲线"选项卡中设置相关参数，可以实体的形式对样条进行渲染，其相关参数如图5-70所示。

在"模式"中可以设置样条类型，包括"发丝""立方体""圆柱""胶囊""椎体""条状"，如图5-71所示。其中较为常用的有"发丝""圆柱""椎体"，效果如图5-72所示。

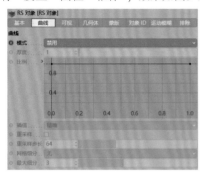
图5-70

图5-71

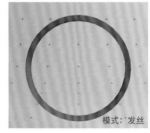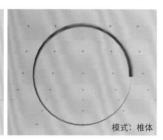
图5-72

将"模式"设置为"发丝"后，可以使用"厚度"控制发丝的宽度。数值越大，发丝越宽；数值越小，发丝越窄，如图5-73所示。"比例"可以通过曲线控制样条的初始半径与结束半径，如图5-74所示。

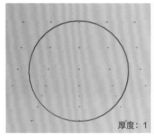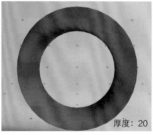
图5-73

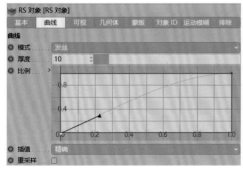
图5-74

勾选"重采样"后，可以通过调整"重采样步长"的数值控制样条的细分情况，如图5-75所示。数值越大，细分数越多；数值越小，细分数越少。图5-76所示是"重采样步长"分别为4、8和100时的效果。

图5-75

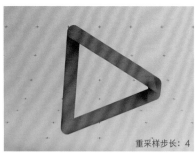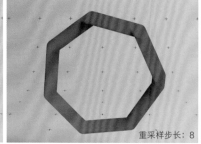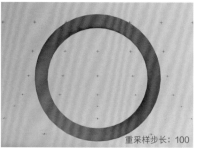

图5-76

> **提示** "网格细分"只对"立方体""圆柱""锥体"类型生效，选择其他类型时"网格细分"处于禁用状态。

5.2.6 粒子

使用X-Particles、TP、Cinema 4D粒子时都会占用计算机内存资源，可以在粒子上添加"RS对象"标签，然后自定义"粒子"的相关参数，从而节约内存资源，其相关参数如图5-77所示。

"模式"可以设置粒子的实体类型，包括"点实例""球体实例""多边形实例""自定义对象""优化球体"这5个类型，如图5-78所示。图5-79所示是"点实例""球体实例""多边形实例"模式下的效果。

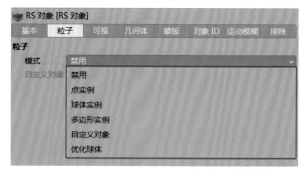

图5-77 图5-78

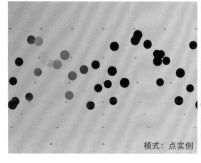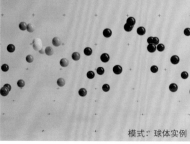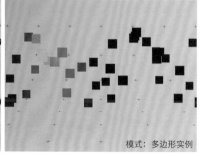

图5-79

创建"宝石体"和"圆环面"对象，然后在"RS对象"属性面板中设置"模式"为"自定义对象"，接着将"宝石体"和"圆环面"对象拖曳至"自定义对象"中，如图5-80所示。效果如图5-81所示。

图5-80 图5-81

"自定义对象"模式下会激活"分布"和"随机种子"参数，它们主要是用于调整粒子的排序方式与随机位置的，如图5-82所示。

"增强比例"可以用于设置粒子的半径，如图5-83所示，数值越大，粒子越大。图5-84所示是"增强比例"分别为1、10和20时的效果。

图5-82 图5-83

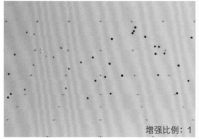

图5-84

5.3 Redshift对象实例

如果使用"克隆"来计算数百万的面，那么计算机会直接崩溃。而Redshift对象实例是以矩阵的方式进行显示的，可以轻松地用于计算数百万的面，且支持所有的效果器应用。

执行"Redshift＞对象＞矩阵散点图"菜单命令，创建矩阵对象，如图5-85所示。"RS矩阵"属性面板如图5-86所示。

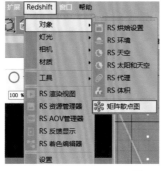
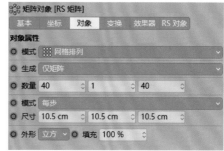

图5-85 图5-86

"模式"主要用于控制矩阵的排列方式，其中提供了"对象""网格排列""线性""放射""蜂窝阵列"5个模式，如图5-87所示。

以"网格排列"为例，在"对象"面板中选择"RS矩阵"对象，然后在属性面板的"粒子"选项卡中设置"模式"为"自定义对象"，接着将"对象"面板中的"玩偶"对象拖曳至属性面板的"自定义对象"中，如图5-88所示。在"RS矩阵"属性面板中设置"数量"为（10,1,8），"尺寸"为（80cm,10cm,105cm），如图5-89所示。效果如图5-90所示。

图5-87

图5-88

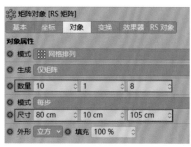

图5-89

图5-90

5.4 Redshift代理文件

Redshift代理文件与对象实例意义相同，都是用于减少计算机的内存消耗，提高渲染速度。Redshift代理文件需要先导出，才能在场景中使用。Redshift代理文件支持材质贴图及动画。

01 首先创建一棵树，然后执行"Redshift>材质>工具>转换并替换所有材质"菜单命令，将树的材质替换成Redshift材质，如图5-91所示。

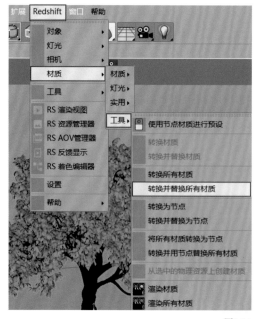

图5-91

02 执行"文件>导出>RS代理（*.rs）"菜单命令，导出Redshift代理文件，如图5-92所示。如果代理文件中有动画，那么需要在"RS代理导出"对话框中设置"范围"为"所有帧"，如图5-93所示。

03 执行"Redshift>对象>RS代理"菜单命令，然后将导出的代理文件导入"代理"的"路径"中，如图5-94所示。

图5-92

图5-93

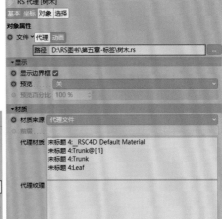

图5-94

04 导入的代理文件中的对象的"预览"模式是"边界框"，如图5-95所示，需要在"显示"中将"预览"设置为"网格"，如图5-96所示。

图5-95

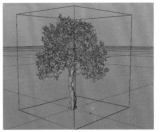

图5-96

"预览百分比"的数值在默认情况下为100%，此时占用的内存较多，通常设置为10%即可，如图5-97所示。图5-98所示是"预览百分比"分别为1%、5%和10%的效果。

图5-97

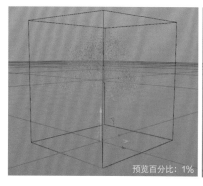
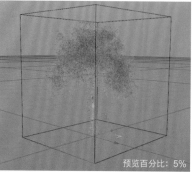
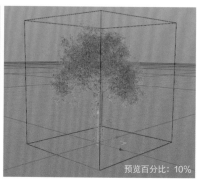

图5-98

Redshift代理文件的渲染材质与导出时设置的材质相同，如果需要重新修改材质，可以在"材质"的"材质来源"中修改，如图5-99所示。图5-100所示是"材质来源"分别为"代理文件"和"对象"时的效果。

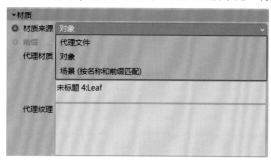

图5-99

图5-100

05 创建Redshift对象实例，将Redshift代理文件拖曳至"RS对象"属性面板的"自定义对象"中，如图5-101所示，即可获取批量的树。效果如图5-102所示。

图5-101

图5-102

案例训练：彩色矩阵

场景文件	场景文件 > CH05 > 案例训练：彩色矩阵
实例文件	实例文件 > CH05 > 案例训练：彩色矩阵
学习目标	掌握Redshift对象标签的使用方法

彩色矩阵的效果如图5-103所示。

图5-103

1.创建矩阵模型

01 单击"立方体"工具展开下拉菜单，然后选择"平面"，如图5-104所示。在"平面"属性面板中设置"宽度"为4800cm，"高度"为2800cm，如图5-105所示。

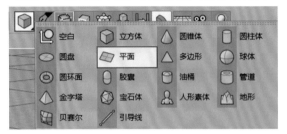

图5-104

图5-105

02 为该平面赋予材质。在"材质编辑器"对话框中选择"颜色"，然后在"纹理"中导入一张彩色贴图，并赋予该平面，如图5-106所示。效果如图5-107所示。

03 执行"Redshift > 对象 > 矩阵散点图"菜单命令，如图5-108所示。在"RS矩阵"属性面板中设置"数量"为（360,1,240），"模式"为"端点"，"尺寸"为（4800cm,0cm,2800cm），如图5-109所示。

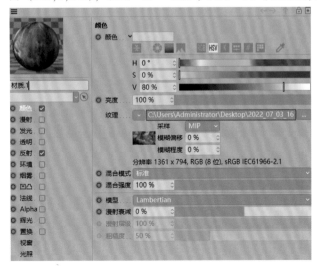

图5-106

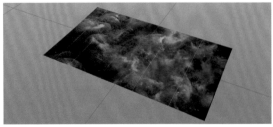

图5-107

图5-108

图5-109

04 执行"运动图形>效果器>着色"菜单命令，如图5-110所示。进入"着色"属性面板，取消勾选"缩放"，勾选"位置"，接着设置P.Y为400cm，"通道"为"颜色"，最后将"对象"面板中的"材质"拖曳至"材质标签"中，如图5-111所示，通过材质贴图影响y轴的位置。添加"着色"效果器前后的效果如图5-112所示。

图5-110 图5-111 图5-112

05 此时矩阵的效果并不明显，在"材质编辑器"对话框中选择"颜色"，然后设置"纹理"为"过滤"，如图5-113所示。可通过修改贴图的明暗对比度来获得较为明显的矩阵高低效果。在"着色器"选项卡下设置"饱和度"为44%，"对比"为20%，如图5-114所示。添加"过滤"前后的效果如图5-115所示。

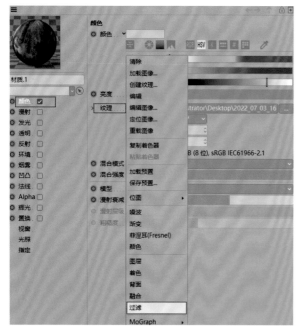

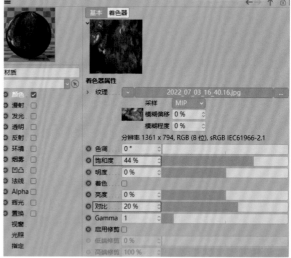

图5-113 图5-114

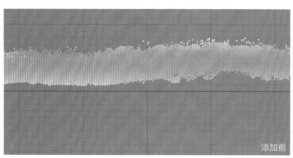

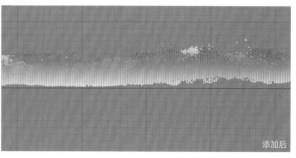

图5-115

2.创建材质

01 执行"渲染>编辑渲染设置"菜单命令，打开"渲染设置"对话框，将"渲染器"设置为Redshift。选择Redshift，然后在"GI"选项卡下设置"主GI引擎"为"暴力"，"追踪深度"为4，"次要引擎"为"暴力"，"暴力光线"为8，如图5-116所示。效果如图5-117所示。

图5-116

图5-117

02 创建一个立方体，然后设置"尺寸.X"为10cm，"尺寸.Y"为100cm，"尺寸.Z"为10cm，如图5-118所示。在"对象"面板中选择"RS矩阵"对象右侧的Redshift对象标签，然后在属性面板的"粒子"选项卡中设置"模式"为"自定义对象"，接着将"对象"面板中的"立方体"对象拖曳至属性面板的"自定义对象"中，如图5-119所示。效果如图5-120所示。

图5-118

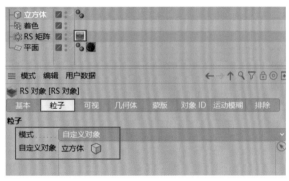

图5-119

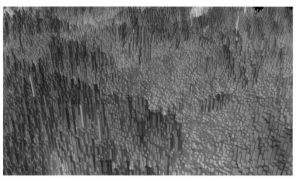

图5-120

03 使用快捷键Ctrl+B打开"渲染设置"对话框，然后设置"宽度"为1800像素，"高度"为2000像素，如图5-121所示。创建"RS摄像机"并在视图中调整摄像机的位置，如图5-122所示。效果如图5-123所示。

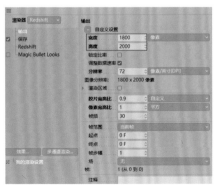

图5-121

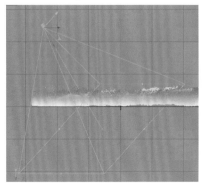

图5-122

图5-123

04 此时画面的颜色是Cinema 4D默认材质的颜色，需要创建"标准材质"节点设置颜色。进入节点编辑器，将"颜色用户数据"节点拖曳至节点编辑器中，并输出至"标准材质"节点中的Base Color端口，然后在"RS颜色用户数据"属性面板中设置"属性名称"为MoGraph中的"颜色",如图5-124所示。添加"颜色用户数据"节点前后的效果如图5-125所示。

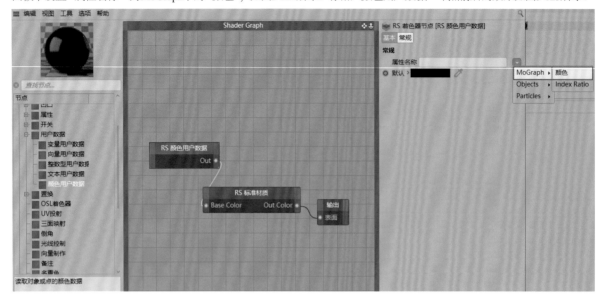

图5-124

图5-125

05 为了让立方体的边角产生圆角的效果,将"倒角"和"凹凸贴图"节点拖曳至节点编辑器中。将"倒角"节点输出至"凹凸贴图"节点中的Input端口,然后将"凹凸贴图"节点输出至"标准材质"节点中的Bump Input端口,如图5-126所示。

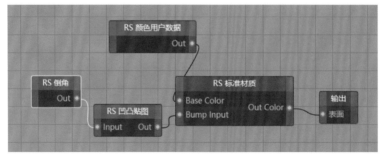

图5-126

3.制作光影效果

01 接下来为场景制作光影效果。创建Redshift HDR作为辅助光源,然后在RS HDR属性面板的"纹理"中导入一张HDR贴图并设置"颜色空间"为scene-linear Rec.709-sRGB，接着设置"强度"为0.5，如图5-127所示。效果如图5-128所示。

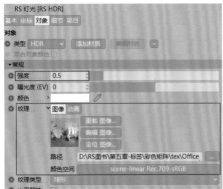

图5-127   图5-128

02 创建Redshift"区域光"作为主光源，将主光源移动至右上方，如图5-129所示。在"RS区域光"属性面板中设置"强度"为4，"尺寸X"为1735cm，"尺寸Y"为1500cm，"扩展"为0.3，如图5-130所示。效果如图5-131所示。

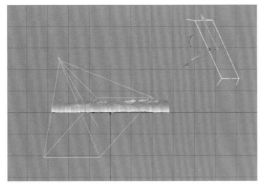

图5-129   图5-130   图5-131

4.后期处理

01 在渲染视图中调节曝光、色彩、辉光等，调节完成后输出PNG格式的文件，然后将其导入Photoshop中进行后期处理。复制"背景"图层，然后设置图层模式为"正片叠底"，"不透明度"为50%，增强图像的整体对比度，如图5-132所示。

02 添加"色阶"，在"属性"面板中设置阴影区为10，从而降低暗部的亮度，如图5-133所示。添加"照片滤镜"，将图像整体润色，然后设置"不透明度"为30%，如图5-134所示。最终效果如图5-135所示。

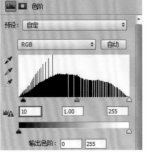

图5-132   图5-133   图5-134   图5-135

案例训练：布料涂鸦

场景文件	场景文件＞CH05＞案例训练：布料涂鸦
实例文件	实例文件＞CH05＞案例训练：布料涂鸦
学习目标	掌握"置换"节点的使用方法

布料涂鸦的效果如图5-136所示。

图5-136

1.制作涂鸦布料

01 执行"文件＞打开＞场景文件＞CH05＞案例训练：布料涂鸦"菜单命令，打开场景文件，如图5-137所示。执行"渲染＞编辑渲染设置"菜单命令，打开"渲染设置"对话框，将"渲染器"设置为Redshift。选择Redshift，然后在"GI"选项卡下设置"主GI引擎"为"暴力"，"追踪深度"为4，"次要引擎"为"暴力"，"暴力光线"为8，如图5-138所示。

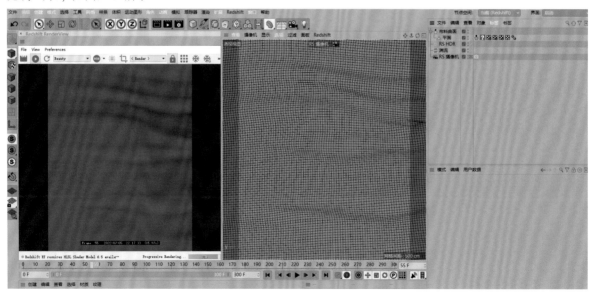

图5-137

图5-138

02 为场景添加Redshift"区域光"作为主光源，然后在"RS区域光"属性面板中设置"强度"为50，"尺寸X"为370cm，"尺寸Y"为70cm，如图5-139所示。移动主光源至合适的位置，如图5-140所示。

图5-139

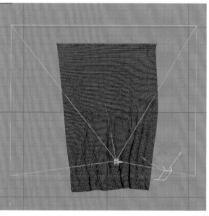

图5-140

03 创建Redshift"标准材质"并赋予对象布料材质。由于织物是没有反射属性的，因此需要将材质的反射"强度"设置为0，如图5-141所示。进入节点编辑器，将布料纹理贴图拖曳至节点编辑器中，并输出至"标准材质"节点中的Base Color端口，如图5-142所示。效果如图5-143所示。

图5-141

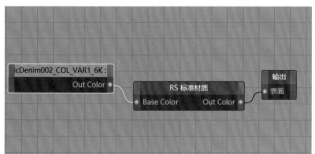

图5-142

图5-143

04 创建"颜色校正"节点，然后在"RS颜色矫正"属性面板中设置"伽马"为0.6，"饱和度"为0.2，如图5-144所示。创建"颜色图层"节点为布料制作涂鸦效果，然后将"颜色"节点拖曳至节点编辑器中，并在属性面板中设置Color为黄色，接着将"颜色"节点输出至"颜色图层"节点中的Layer 1 Color端口，再将"颜色校正"节点输出至"颜色图层"节点中的Base Color端口，最后导入一张黑白涂鸦贴图并输出至"颜色图层"节点中的Layer 1 Mask端口，如图5-145所示。效果如图5-146所示。

05 此时涂鸦分别在U、V方向上进行了重复排列，需要进入涂鸦贴图的属性面板，取消勾选"连续U"和"连续V"，如图5-147所示。效果如图5-148所示。

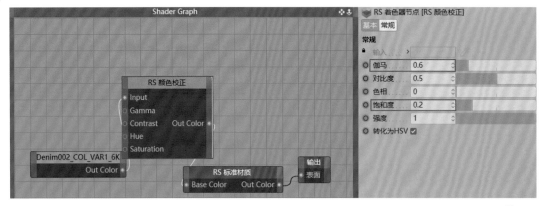

图5-144

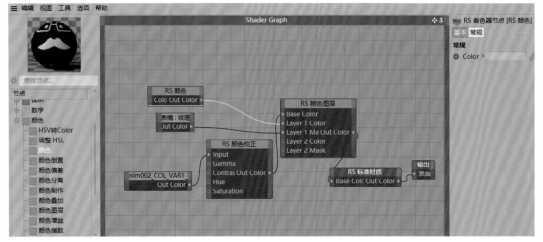

图5-145

  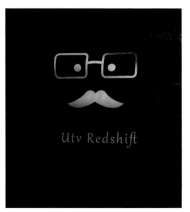

图5-146　　　　　图5-147　　　　　图5-148

2.制作高光效果

01 布料材质在褶皱处会出现高光效果，因此接下来将制作高光效果。在"RS标准材质"属性面板中设置"强度"为1，"粗糙度"为0.1，如图5-149所示。图5-150所示是"粗糙度"分别为0.1、0.2和0.3时的效果。

图5-149

图5-150

02 导入布料法线纹理贴图，并设置"颜色空间"为Raw。创建"凹凸贴图"节点，将其与布料法线纹理贴图相连接，然后将"凹凸贴图"节点输出至"标准材质"节点中的Bump Input端口，接着在属性面板中设置"输入贴图类型"为"法线（切线空间）"，"强度"为3，如图5-151所示。效果如图5-152所示。

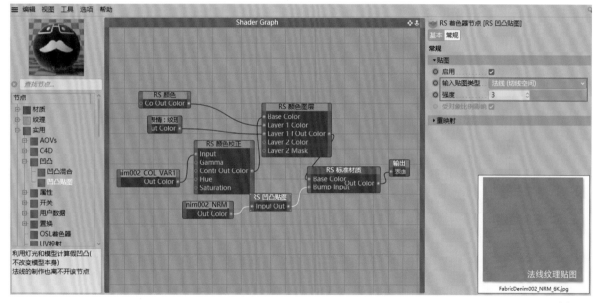

图5-151

图5-152

03 为了增加布料的细节效果，可以创建"置换"节点，然后导入布料置换纹理贴图与其相连接，并设置纹理贴图的"颜色空间"为Raw，接着将"置换"节点输出至"输出"节点中的"置换"端口，如图5-153所示。创建"RS对象"标签，然后在"RS对象"属性面板的"几何体"选项卡中分别勾选"细分"和"置换"中的"启用"，接着设置"最小边缘长度"为10，"最大置换"为5，如图5-154所示。

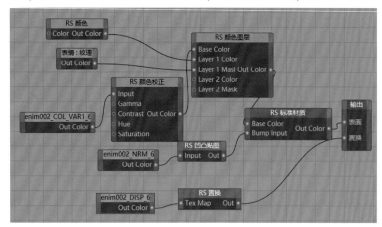
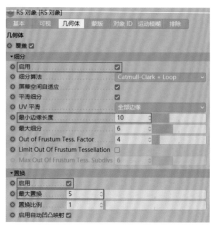

图5-153   图5-154

3.制作涂鸦毛发

01 接下来为涂鸦制作毛发效果。选择"布料平面"对象，然后执行"模拟>毛发对象>添加毛发"菜单命令，如图5-155所示。在"毛发"属性面板的"引导线"选项卡下设置"发根"为"多边形区域"，然后在"密度"中导入"表情.jpg"涂鸦贴图；在"毛发"选项卡下设置"发根"为"与引导线一致"，用于控制毛发生长的范围，如图5-156所示。效果如图5-157所示。

图5-155   图5-156   图5-157

02 此时毛发的生长方向与黄色涂鸦无法吻合，选择"高级"选项卡，将UVW3布料拖曳至"UV标签"中，如图5-158所示。在"引导线"选项卡中设置"数量"为33621，"长度"为6cm，如图5-159所示。修改前后的效果如图5-160所示。

图5-158

图5-159

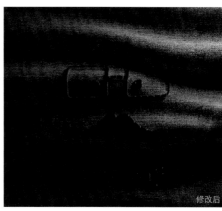

修改前

修改后

图5-160

03 创建"头发"节点，然后在"RS头发"属性面板中将"反射/透射"中的"颜色"设置为黄色，设置"漫射"中的"漫射强度"为1，"漫射颜色"为浅黄色，如图5-161所示。效果如图5-162所示。

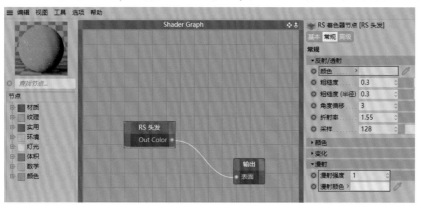

图5-161

图5-162

04 打开"毛发材质"的"材质编辑器"对话框，然后取消勾选"颜色""高光"，接着勾选并单击"粗细"，设置"发根"为0.1cm，"长度""比例""卷发""纠结"保持默认设置即可，如图5-163所示。效果如图5-164所示。

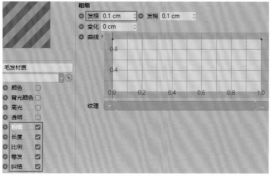

图5-163

图5-164

4.后期处理

01 进入渲染视图调节曝光、色彩等，调节完成后输出PNG格式的文件，然后将其导入Photoshop中进行后期处理。复制"背景"图层，然后设置图层模式为"正片叠底"，"不透明度"为40%，接着添加"图层蒙版"，确保涂鸦不受"正片叠底"效果的影响，如图5-165所示。

02 添加"可选颜色"，在"属性"面板中设置"颜色"为"黄色"，"青色"为0%，"洋红"为−15%，"黄色"为+15%，"黑色"为0%，如图5-166所示。添加"色彩平衡"，设置"色调"为"中间调"，"青色-红色"为−5，"洋红-绿色"为0，"黄色-蓝色"为+5，如图5-167所示。最终效果如图5-168所示。

图5-165

图5-166

图5-167

图5-168

案例训练：荒野沙丘

场景文件　场景文件＞CH05＞案例训练：荒野沙丘
实例文件　实例文件＞CH05＞案例训练：荒野沙丘
学习目标　掌握"蒙版"的使用方法

荒野沙丘的效果如图5-169所示。

图5-169

1.创建环境光

01 执行"文件＞打开＞场景文件＞CH05＞案例训练：荒野沙丘"菜单命令，打开场景文件，如图5-170所示。执行"渲染＞编辑渲染设置"菜单命令，打开"渲染设置"对话框，将"渲染器"设置为Redshift。选择Redshift，然后在"GI"选项卡下设置"主GI引擎"为"暴力"，"追踪深度"为4，"次要引擎"为"暴力"，"暴力光线"为8，如图5-171所示。

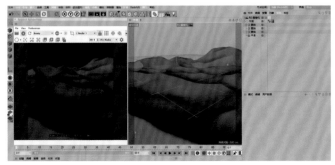
图5-170

图5-171

02 执行"Redshift>对象>RS太阳和天空"菜单命令，为场景添加主光源，如图5-172所示。在"RS天空"属性面板的"天空"选项卡中设置"增强"为1.3，"浑浊"为1.8，"地平线高度"为−2，"红-蓝偏移"为0.1，如图5-173所示。效果如图5-174所示。在"RS太阳"属性面板的"坐标"选项卡中设置R.H为−100°，R.P为−22°，R.B为0°，如图5-175所示。

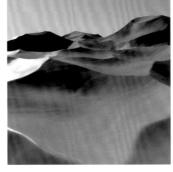

图5-172　　　　　图5-173　　　　　　　　　　图5-174　　　　　　　　　　　　　图5-175

03 打开节点编辑器，创建"C4D噪波"节点，并在属性面板中设置"类型"为Displaced turbulence，"整体比例"为20，如图5-176所示。创建"渐变"节点，设置"渐变"为黄色，如图5-177所示。效果如图5-178所示。

图5-176

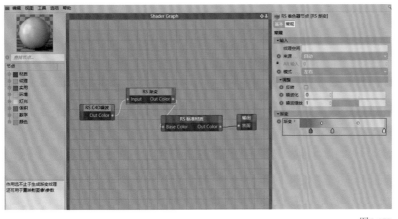

图5-177　　　　　　　　　　　　　　　图5-178

2.制作表面沙粒效果

01 沙丘的表面会有沙粒感，可以通过"凹凸贴图"节点来制作。新建一个"C4D噪波"节点，然后设置"整体比例"为0.01，并输出至"凹凸贴图"节点中的Input端口，接着将凹凸的"强度"设置为2，最后将"凹凸贴图"节点输出至"标准材质"节点中的Bump Input端口，如图5-179所示。效果如图5-180所示。

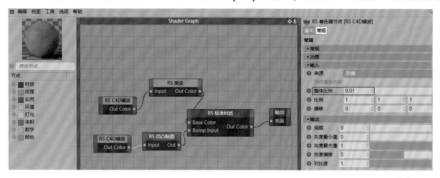

图5-179　　　　　　　　　　　　　　　　　　　　图5-180

02 创建"渐变"节点，设置"渐变"颜色，然后将"C4D噪波"节点输出至"渐变"节点中的Input端口，通过"渐变"节点控制材质的反射性，如图5-181所示。由于真实沙丘的反射性较弱，因此可以将沙丘的反射强度降低一些。效果如图5-182所示。

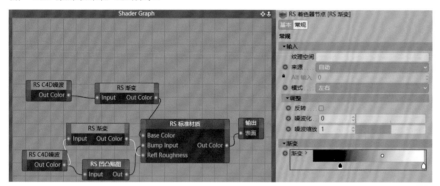

图5-181　　　　　　　　　　　　　　　　　　　　图5-182

03 由于沙丘表面会产生一排排均匀的沙粒，因此可以创建"多重着色器"节点并输出至"输出"节点中的"表面"端口，然后设置"着色器"为"平铺"，为沙丘表面添加沙粒效果，如图5-183所示。

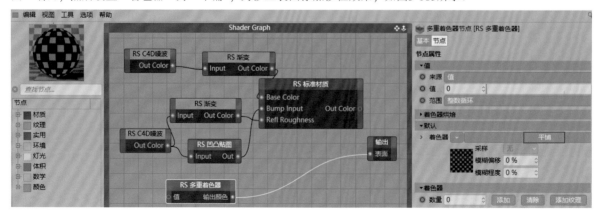

图5-183

04 在"平铺"属性面板中设置"图案"为"线形1"，然后设置"填塞颜色"为黑色，"平铺颜色1""平铺颜色2""平铺颜色3"为白色，接着设置"填塞宽度"为0%，"斜角宽度"为100%，最后设置"方向"为V，"全局缩放"为1%，如图5-184所示。进入"RS多重着色器"属性面板，设置"宽度""高度"均为1696，如图5-185所示。效果如图5-186所示。

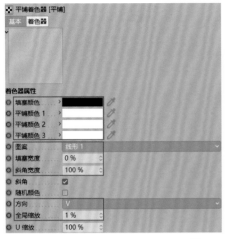

图5-184   图5-185   图5-186

05 设置"着色器"为"图层"，如图5-187所示。进入"图层"属性面板，然后单击"效果"按钮，设置第1个"扭曲"中的"强度"为0.05%，"噪波缩放"为1000%；设置第2个"扭曲"中的"强度"为0.2%，"噪波缩放"为2000%，从而控制扭曲效果，如图5-188所示。效果如图5-189所示。

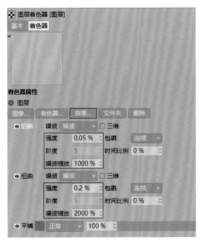

图5-187   图5-188   图5-189

06 创建"凹凸混合"节点，并输出至"标准材质"节点中的Bump Input端口，然后在"RS凹凸混合"属性面板中设置"混合强度"为0.4，并勾选"相加模式"，将两层融合，如图5-190所示。效果如图5-191所示。

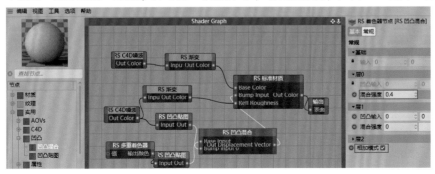

图5-190   图5-191

07 创建"颜色图层""C4D噪波"节点，将"噪波"的"类型"设置为Stupl，如图5-192所示。效果如图5-193所示。

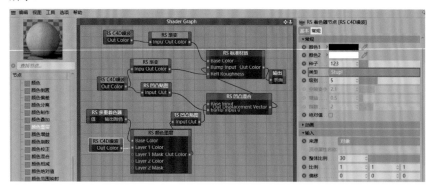
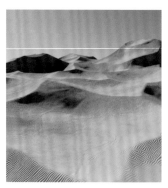

图5-192　　　　　　　　　　　　　　　　　　图5-193

08 新建一个"C4D噪波"节点，设置"整体比例"为0.01，并将该节点输出至"颜色图层"节点中的Layer 2 Color端口，然后设置"混合模式"为"差值"，"Alpha蒙版"为0.5，如图5-194所示。效果如图5-195所示。

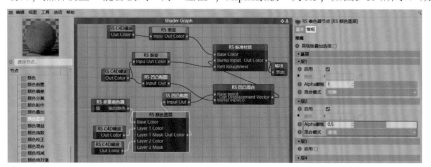

图5-194　　　　　　　　　　　　　　　　　　图5-195

3.后期处理

01 进入渲染视图调节LUT、曝光、色彩、辉光等，调节完成后输出PNG格式的文件，然后将其导入Photoshop中进行后期处理。复制"背景"图层，设置图层模式为"正片叠底"，"不透明度"为30%，如图5-196所示。添加"色阶"提亮亮部和暗部，如图5-197所示。

02 添加"照片滤镜"，然后设置"滤镜"为"蓝"，如图5-198所示。添加"通道混和器"，设置"输出通道"为"红"，如图5-199所示。添加"可选颜色"，设置"颜色"为"红色"，如图5-200所示。最后添加"自然饱和度"，设置"自然饱和度"为-10，如图5-201所示。最终效果如图5-202所示。

图5-196　　　　　　　　图5-197　　　　　　　　图5-198

图5-199　　　　　　　　图5-200　　　　　　　　图5-201　　　　　　　　图5-202

第 6 章

Redshift高级渲染

■ **本章简介**

　　本章主要讲解Redshift的高级渲染模式，通过设置"采样""运动模糊""全局""GI""焦散""AOV"等选项卡下的参数，渲染出逼真的效果。

■ **主要内容**

· 快速启动Redshift渲染器　　· 采样　　· 运动模糊　　· 全局　　· GI　　· 焦散　　· AOV

6.1 快速启动Redshift渲染器

执行"渲染>编辑渲染设置"菜单命令，在打开的"渲染设置"对话框中设置"渲染器"为Redshift，如图6-1所示。

Redshift具有两种渲染设置模式，一种是简化的基本模式，另一种是较为详细的高级模式。基本模式由一小部分常用的渲染设置组成，而高级模式中能够显示出所有可用的渲染设置，如图6-2所示。

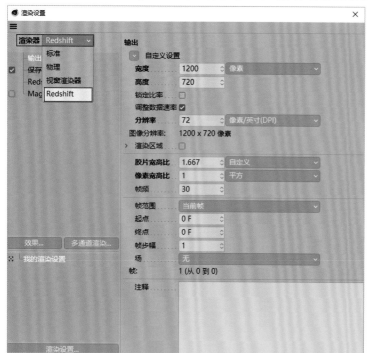

图6-1

图6-2

6.2 采样

"采样"选项卡中有"交互渲染"(实时预览)和"最终渲染"(最终输出)两种渲染模式，每种渲染模式中又提供了"渐进"和"块状"这两种模式，如图6-3所示。"渐进"模式虽然渲染速度较快，但是渲染画面不干净。"块状"模式可用于渲染出高质量的效果，最终渲染画面较为干净。

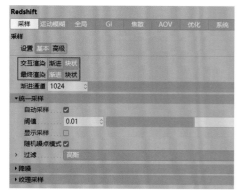

图6-3

"渐进通道"用于控制"渐进"模式的最大通道数，从而控制最终渲染效果的最高质量。数值越大，渲染质量越高，视觉噪点也就越少。图6-4所示是"渐进通道"分别为10和1024时的效果。

图6-4

6.2.1 统一采样

　　勾选"自动采样"时，系统会自动优化每个像素的样本数，同时可以通过"阈值"来控制噪点。"阈值"的数值越小，检测噪点的力度就越大，最终产生的视觉噪点就越少；数值越大，检测噪点的力度就越小，最后产生的视觉噪点就越多。图6-5所示是"阈值"分别为0.01和10时的效果。

　　取消勾选"自动采样"后可通过手动的方式来设置每个像素的"采样最小值"和"采样最大值"，但是这种方式需要在"块状"模式下才能够使用，如图6-6所示。

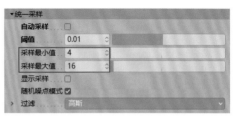

图6-5　　　　　　　　　　　　　　　　　　　　　　　　　　　　　　　图6-6

　　"采样最小值"可用于设置每个像素上发射的光线的最小数量，如果使用"景深"或"运动模糊"，那么至少需要使用8～16个最小样本。"采样最大值"用于设置每个像素上发射的光线的最大数量，如果使用"景深"或"运动模糊"，那么至少需要使用256个最大样本。图6-7～图6-9所示是3组不同数值的对比效果。

图6-7

图6-8

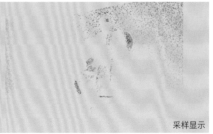

图6-9

提示 观察采样过程的显示，白色区域代表使用了最大采样，黑色区域代表使用了最小采样。

勾选"随机噪点模式"后，渲染动画时画面中显现的景深、运动模糊、GI、光泽反射/折射、AO和照明效果都会产生随机的噪点闪烁；而取消勾选后，则会减少噪点的随机闪烁。"过滤"中有5种模式可用来解决最终渲染存在的抗锯齿问题，如图6-10所示。

重要参数介绍

立方体： 效果最模糊的过滤器。

三角形： 效果较为模糊的过滤器。

高斯： 中性过滤器，效果柔和，适合用于制作动画。

Mitchell(米切尔)： 效果锐利的过滤器。

Lanczos(兰索斯)： 效果最锐利的过滤器，适合静帧。

图6-10

通常显示器可以显示的颜色范围为0(黑色)~1(白色)，当超过这个范围时，就可以使用"最大子采样强度"进行设置。而"最大次级光线强度"可以限制光泽反射和全局照明光线，如图6-11所示。举个例子，创建一个白色发光材质，强度为10，然后将"最大子采样强度"和"最大次级光线强度"都设置为4或1，效果如图6-12所示。

最大子采样强度：4 最大次级光线强度：4 | 最大子采样强度：1 最大次级光线强度：1

图6-11

图6-12

6.2.2 覆盖

图6-13

"覆盖"中有"反射""折射""环境吸收""灯光""体积""次表面单次散射""次表面多次散射"等类型，如图6-13所示。每种类型中都提供了"替换"和"比例"两种模式，如图6-14所示。

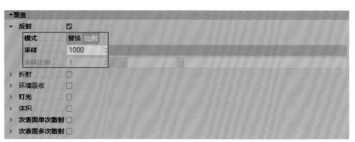

图6-14

在"替换"模式下可以设置全局替换的采样值。例如场景中的金属材质，默认情况下其"采样"为16，可以选择"替换"模式，重新设置"采样"为1000，效果如图6-15所示。

设置"采样比例"后，最终的全局采样值则可以通过材质默认的采样值乘以"采样比例"得到。例如场景中金属材质的采样值为16，将"采样比例"设置为100，那么最终的全局采样值为1600，如图6-16所示。

提示 "覆盖"可以对场景中两个或两个以上的反射采样值或其他采样值进行全局控制，采样值越大，噪点越少。

图6-15

图6-16

6.2.3 降噪

启用"降噪"后可以减少噪点，其中提供了3种去噪"引擎"，分别为Optix（速度慢）、Altus Single（比较慢）、Altus Dual（非常慢），如图6-17所示。这3种去噪"引擎"会影响最终的渲染效果，且渲染速度也较低，一般情况下不建议使用。

图6-17

6.2.4 纹理采样

在"纹理采样"中可以设置主光线的纹理映射方法，共有3种方法，如图6-18所示。

重要参数介绍

各向异性： 高质量纹理映射，渲染速度较慢。

双线性： 模糊的纹理映射，渲染速度快。

点： 块状纹理映射，渲染速度快。

附加凹凸偏移： 可快速地将场景中的所有凹凸贴图和法线贴图偏向特定方向。

图6-18

6.3 运动模糊

摄像机是通过快门来捕捉图像的，当场景中的物体或灯光移动时，图像会随快门的持续时间变长而变得模糊。Redshift支持3种"运动模糊"类型，相关介绍如下。图6-19所示的是运动模糊的相关设置界面。

重要参数介绍

变换运动模糊： 由对象运动而模糊。

变形运动模糊： 由对象变形扭曲而模糊。

相机运动模糊： 由摄像机移动而模糊。

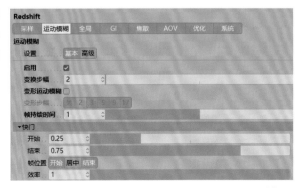

图6-19

"帧持续时间"可以控制摄像机的虚拟"快门"。数值越大,"运动模糊"效果就越模糊,如图6-20所示。图6-21所示是"帧持续时间"分别为1、4和10时的效果。

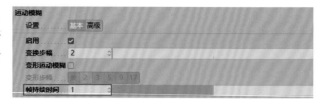

图6-20

  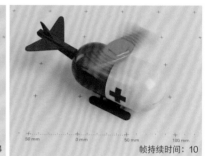

帧持续时间: 1　　　　　帧持续时间: 4　　　　　帧持续时间: 10

图6-21

使用"变换步幅"可以让对象在运动过程中不模糊变形,数值越大,精度越高,得到的运动模糊效果越平滑,如图6-22所示。图6-23所示是"变换步幅"分别为2和10时的模糊效果。

图6-22　　　　　　变换步幅: 2(模糊变形)　　　　变换步幅: 10(模糊不变形)

图6-23

"快门"可以用于设置运动模糊的时间范围,如图6-24所示。快门"开始"和"结束"时间的差距越小,运动模糊效果越短。设置"开始"为0.25,"结束"为0.75,获取到的模糊效果只有7帧;设置"开始"为0,"结束"为1,获取到的模糊效果有10帧,如图6-25所示。

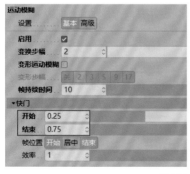 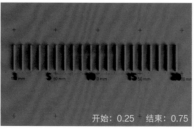 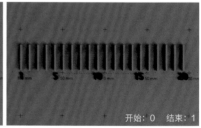

图6-24　　　开始: 0.25　结束: 0.75　　　　开始: 0　结束: 1

图6-25

"帧位置"控制着帧持续时间内运动模糊的位置偏移,共提供了3种模式,分别为"开始""居中""结束",如图6-26所示。效果如图6-27所示。

图6-26

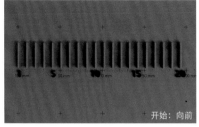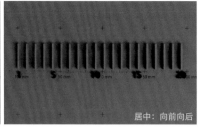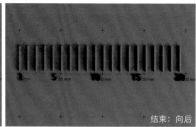

开始：向前　　　　　　居中：向前向后　　　　　　结束：向后

图6-27

使用"效率"可以控制快门打开和关闭的速度。数值为1时，表示快速打开；数值为0时，表示慢速打开，效果如图6-28所示。

"变形运动模糊"是以对象的顶点为中心运动的。如果对象没有变形动画，则可以取消勾选"变形运动模糊"。"变形步幅"的数值越大，运动模糊效果越平滑，精度越高，同时占用的内存也会越多，如图6-29所示。

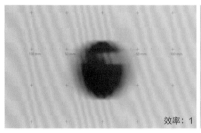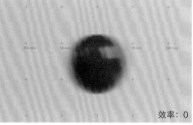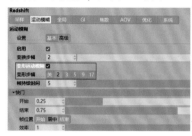

效率：1　　　　　　　效率：0

图6-28　　　　　　　　　　图6-29

技术专题：区分Redshift"运动模糊"和"RS对象"标签中的"运动模糊"

Redshift"运动模糊"控制的是全局，无法定义多个运动对象，而"RS对象"标签中的"运动模糊"可以定义多个运动对象。

创建两个球体运动对象，如果使用Redshift"运动模糊"，那么蓝色和红色的球体都会产生模糊效果，如图6-30所示。

如果需要让红球不产生模糊效果，就需要给红球添加"RS对象"标签，勾选"覆盖"并设置"运动模糊"为"禁用"，如图6-31所示。效果如图6-32所示。

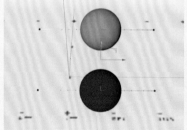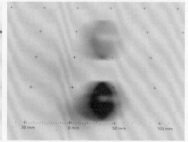

图6-30

"RS对象"标签提供了4种"运动模糊"模式，如图6-33所示。"全局设置"是指全局运动模糊，"禁用"是指禁用运动模糊，"转换"是指变换运动模糊，"变换和变形"是指变换与变形运动模糊。启用"运动矢量"时可以控制x、y、z轴的模糊指数，通常可以使用顶点贴图来控制权重关系。

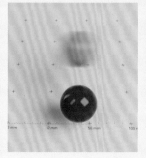

图6-31　　　　　　图6-32　　　　　　图6-33

6.4 全局

"全局"可以更好地设置反射和折射的追踪深度、毛发的像素比和渲染色彩空间等。

6.4.1 追踪深度

可通过"追踪深度"中的"反射""折射""透明度"来设置整个场景中的不同光线反弹次数的上限，如图6-34所示。通常情况下取值越小越好。

图6-34

重要参数介绍

反射：控制反射的次数。当数值为0时，不产生反射。

折射：控制折射的次数。当数值为0时，产生折射。

透明度：用于Redshift中没有透明度的材质。当数值为0时，没有透明度。

合并：组合深度值的最大限制。当反射或折射的单个深度值大于合并组合深度值时，最后渲染结果将限制在组合深度值内。

6.4.2 毛发

启用"毛发"后，Redshift将使用"最小像素宽度"渲染毛发，该技术可以通过自动加厚发束来缓解锯齿问题。"细分"可以在渲染时提高毛发的平滑度，而不需要毛发自身增加分段数，如图6-35所示。效果如图6-36所示。

图6-35

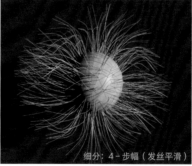
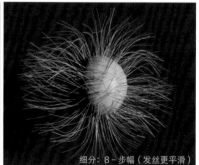

细分：无（发丝分段弯折）　　细分：4－步幅（发丝平滑）　　细分：8－步幅（发丝更平滑）

图6-36

6.4.3 色彩管理

"色彩管理"可用于设置Redshift渲染的线性色彩空间，默认情况下为ACEScg模式，如图6-37所示。另外还有Log、Raw模式，效果如图6-38所示。

图6-37

图6-38

技术专题：如何转换为ACEScg模式

如果文件是JPG、PNG、BMP格式，可以将"颜色空间"设置为sRGB。

如果文件是EXR、HDR格式，可以将"颜色空间"设置为scene-linear Rec.709-sRGB或其他合适的场景线性色彩空间。

如果是法线、粗糙度、金属度、置换等，可以将"颜色空间"设置为Raw。

6.4.4 选项

在Redshift渲染器中会默认勾选"默认灯光"，如图6-39所示，当创建新的灯光时会自动取消勾选"默认灯光"。效果如图6-40所示。

图6-39

图6-40

"默认环境"需要与"环境"节点配合使用，其原理与"物理天空"和HDR相同，如图6-41所示。

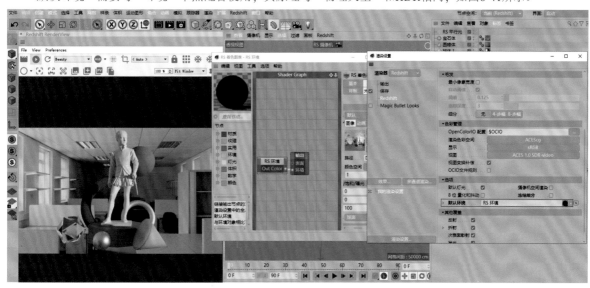

图6-41

6.4.5 其他覆盖

"其他覆盖"可以启用或禁用场景中的所有反射、折射、次表面散射、发光效果，其下的参数基本保持默认设置即可，如图6-42所示。

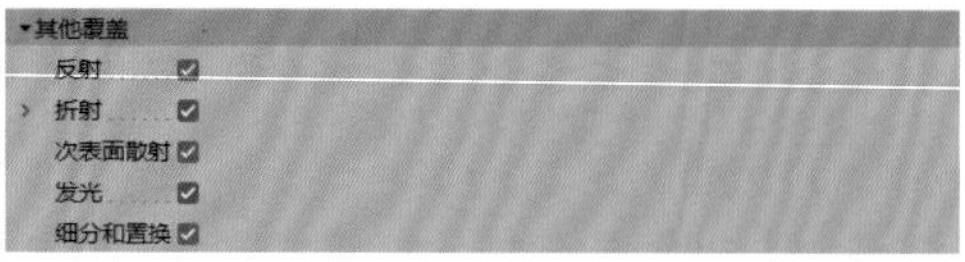

图6-42

6.5 GI

GI可以模拟光子弹跳，从而增加照明的真实感，有助于渲染出较为真实的图像，如图6-43所示。

不勾选"启用"时，光线到达物体表面没有任何反弹，称为直接照明。勾选"启用"时，光线从一个或多个表面反射回来，称为间接照明，而GI的本质是间接照明。直接照明和间接照明的效果如图6-44所示。

"主GI引擎"可以设置GI光子的初级反射，其中提供了"辐照缓存"和"暴力"两种引擎，如图6-45所示，而"暴力"还可以作为"次要引擎"。"暴力"引擎的光子反弹较为精准，动画中没有闪烁，不需要任何存储空间，但渲染速度较慢。

图6-43

直接照明　间接照明

图6-44

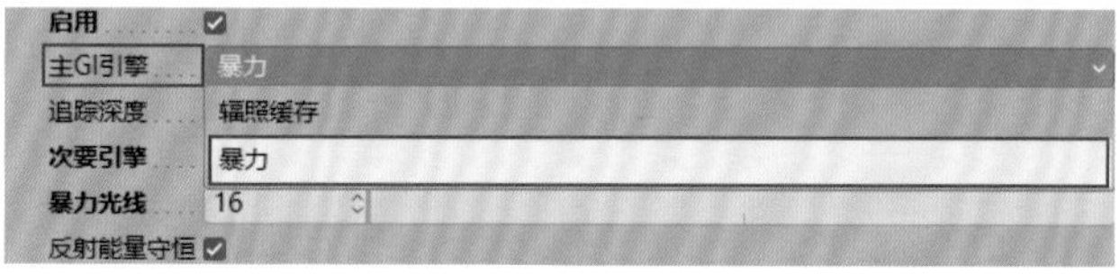

图6-45

"追踪深度"的数值越大，GI就会越高，同时渲染速度也会越慢。"追踪深度"的默认值为4，通常可以满足大多数的场景需求，效果如图6-46所示。

"次要引擎"中包含了"辐照点云"和"暴力"两种引擎，默认为"辐照点云"，如图6-47所示。

"辐照点云"引擎相比于"暴力"和"辐照缓存"引擎，渲染速度更快，渲染出的图像更干净。在较复杂的场景中使用"辐照点云"引擎能节约渲染时间，但是需要占用一定的存储空间。其相关参数如图6-48所示。

图6-46

图6-47 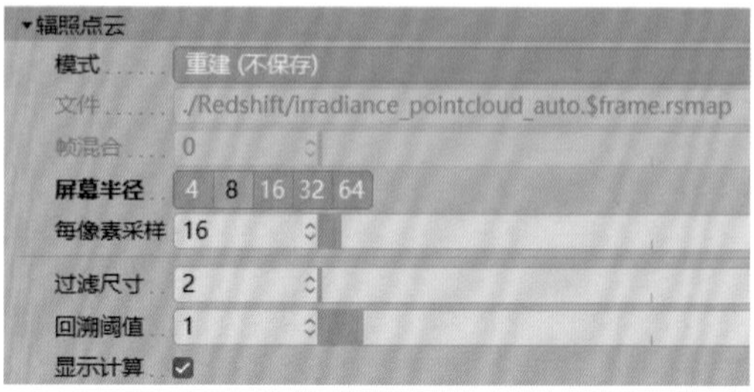　　　　图6-48

"暴力光线"使用"暴力"引擎时射出的光线越多，效果就越清晰，但计算时间也就越长。建议将"暴力光线"的数值设置为512，如图6-49所示。勾选"反射能量守恒"时可以更好地模拟反射材质的细节，通常保持默认设置即可。

图6-49

6.6 焦散

"焦散"光子映射的工作原理是从灯光中发射光子，而其他大多数效果是通过从摄像机中发射光线来工作的。"焦散"的相关参数如图6-50所示。

图6-50

技术专题： 创建三棱镜焦散效果

01 创建"RS对象"标签，然后在"RS对象"属性面板的"可视"选项卡中勾选"覆盖"和"产生焦散光子"，如图6-51所示。效果如图6-52所示。

02 选择"聚光灯"，然后在属性面板的"细节"选项卡中设置"漫射"为0，接着勾选"焦散光子"，从而阻止"聚光灯"对场景产生照明，如图6-53所示。

图6-51

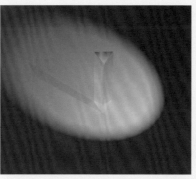

图6-52

图6-53

03 "焦散"中的"光子"的默认数值为100000，此时的"光子"数值是不够的，需要添加更多的"光子"才能获得较为干净的焦散效果，效果如图6-54所示。

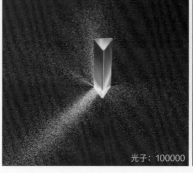

光子：100000

光子：1500000

图6-54

04 此时图像的噪点依然较多，可以将"光子"设置为3000000，如图6-55所示。将材质的"粗糙度"设置为0，然后在"渲染设置"对话框的"全局"选项卡中设置"反射"为8，"折射"为16，"合并"为24，从而减少噪点，如图6-56所示。调节前后的效果如图6-57所示。

图6-55

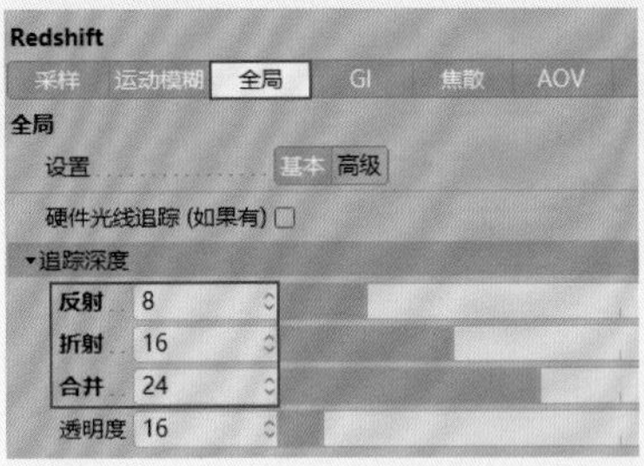

图6-56

调节前　调节后

图6-57

05 在"渲染设置"对话框的"焦散"选项卡中设置"模糊半径"为0.2，可以更好地柔化噪点，如图6-58所示。将场景中的"区域光"关闭后，在黑暗的空间中可以更好地体现焦散效果，如图6-59所示。

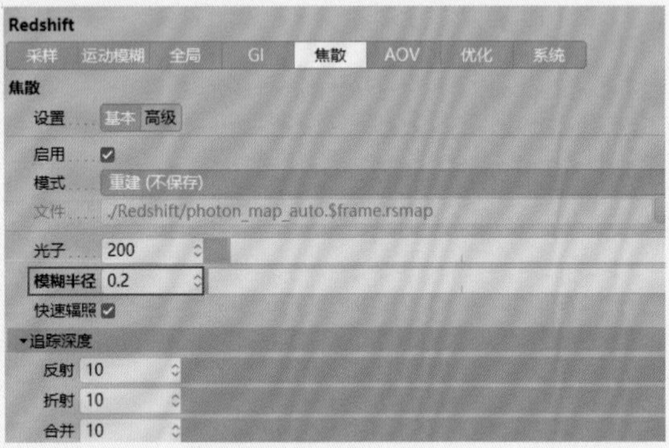

图6-58

图6-59

"焦散"选项卡中除了"模糊半径"之外，其他参数基本保持默认设置即可，例如"反射""折射""合并"等的数值已经是最大的了，无须再进行调整。

6.7 AOV

AOV代表多通道输出。读者可以根据需求单独地输出"反射""折射""投射""全局照明""对象ID""灯光"等通道，便于进行后期合成，其相关参数如图6-60所示。

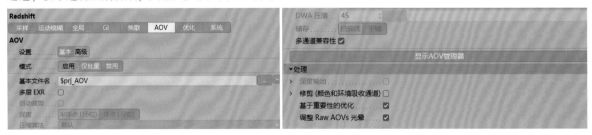

图6-60

单击"显示AOV管理器"按钮进入"RS AOV管理器"对话框，"编辑"栏中有多种通道可供选择，可以挑选几个常用的通道进行输出，如"完整渲染""GI""对象ID""深度""阴影""次表面散射""总漫射光（RAW）""反射（RAW）"等，如图6-61所示。

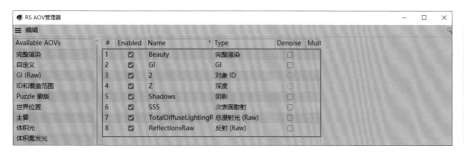

图6-61

6.7.1 深度

"深度"通道在默认情况下输出的内容是空白的，需要设置"深度模式"为"Z标准化"才能够正常输出，如图6-62所示。效果如图6-63所示。

图6-62

图6-63

6.7.2 Puzzle蒙版

"Puzzle蒙版"通道可以输出"材质ID"。创建"标准材质"节点，设置"颜色"为蓝色，然后设置"材质ID"为2，如图6-64所示。进入"RS AOV管理器"对话框，添加"Puzzle蒙版"通道，设置"模式"为"材质ID"，"红色ID"为2，如图6-65所示。效果如图6-66所示。

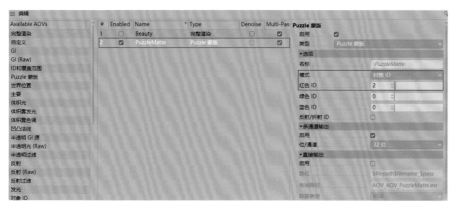

图6-65

图6-64

图6-66

6.7.3 完整渲染

　　"完整渲染"通道可以输出"灯光组ID"。创建"区域光"，然后在属性面板的"细节"选项卡中添加3个"AOV灯光组"，分别设置名称为"红色""绿色""蓝色"，如图6-67所示。在"RS AOV管理器"对话框中添加"完整渲染"通道，然后勾选"灯光组"中的"红色""绿色""蓝色"，如图6-68所示。最终效果如图6-69所示。"红色""绿色""蓝色"3个通道下的效果如图6-70所示。

图6-67

图6-68

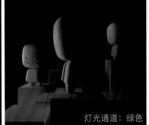

图6-69

图6-70

案例训练：低边形场景

场景文件	场景文件＞CH06＞案例训练：低边形场景
实例文件	实例文件＞CH06＞案例训练：低边形场景
学习目标	掌握Redshift渲染器的使用方法

　　低边形场景的效果如图6-71所示。

1.创建环境光

01 执行"文件＞打开＞场景文件＞CH06＞案例训练：低边形场景"菜单命令，打开场景文件，如图6-72所示。执行"渲染＞编辑渲染设置"菜单命令，在打开的"渲染设置"对话框中设置"渲染器"为Redshift，如图6-73所示。选择Redshift，然后在"GI"选项卡下设置"主GI引擎"为"暴力"，"追踪深度"为4，"次要引擎"为"暴力"，"暴力光线"为8，如图6-74所示。

图6-71

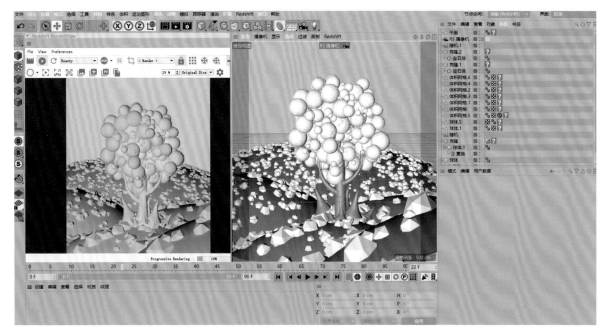

图6-72

图6-73

图6-74

02 由于该场景是室外场景，因此主光源可以使用太阳光。执行"Redshift＞对象＞RS太阳与天空"菜单命令，然后在"RS太阳"属性面板中设置R.H为－15°，R.P为－20°，R.B为0°，如图6-75所示。效果如图6-76所示。

03 在"RS天空"属性面板中设置"增强"为1.5,"地平线模糊"为2，从而模糊天空与地面的接缝线，如图6-77所示。效果如图6-78所示。

图6-75

图6-76

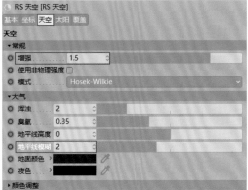

图6-77

图6-78

2.场景渲染

01 渲染山体效果。执行"Redshift＞材质＞材质＞标准材质"菜单命令，创建"标准材质"，设置"颜色"为橙色，"粗糙度"为0.5，如图6-79所示。效果如图6-80所示。

02 渲染宝石与树上的球体材质。复制山体材质，然后创建"曲率"和"渐变"节点，接着在"RS曲率"属性面板中设置"半径"为1，"最大值"为0.5，如图6-81所示。选择"渐变"节点，然后在"RS渐变"属性面板中设置"渐变"为从橙色到白色的渐变颜色，如图6-82所示。

图6-79

图6-80

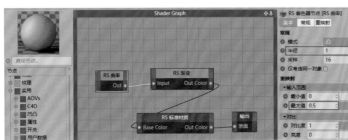

图6-81

图6-82

03 选择"标准材质"节点，然后在属性面板中设置"颜色"为淡橙色，"强度"为0.5，接着勾选"薄壁"，让光线透射材质，如图6-83所示。效果如图6-84所示。

图6-83

图6-84

04 渲染低边形蘑菇材质。复制宝石材质，然后将"曲率"节点删除，选择"渐变"节点，在属性面板中设置"渐变"为从黑色到红色到橙色，再到黄色和白色的渐变颜色，让蘑菇颜色产生有层次的变化，如图6-85所示。效果如图6-86所示。

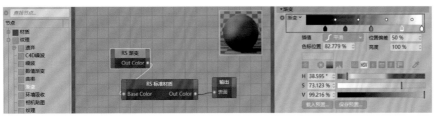

图6-85

图6-86

05 渲染树木材质。复制山体材质，然后将树木材质的颜色设置为90%的白色。创建"噪波"和"凹凸贴图"节点，并将"凹凸贴图"节点输出至"标准材质"节点中的Bump Input端口，然后在"RS噪波"属性面板中设置"整体比例"为2，如图6-87所示。效果如图6-88所示。

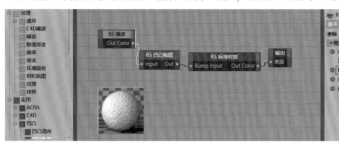

图6-87　　　　　　　　　　　　　　　　　图6-88

3.制作背景

01 此时天空背景的颜色是从蓝色到绿色的渐变颜色，创建一个平面放置在山体后方作为背景，如图6-89所示。创建"标准材质"节点，然后在属性面板中设置"基础"和"发光"中的"颜色"为蓝色，"亮度"为0.8，并将材质赋给平面，如图6-90所示。效果如图6-91所示。

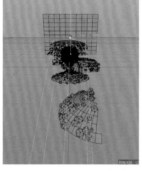

图6-89　　　　　　　　　　图6-90　　　　　　　　　　图6-91

02 选择"RS天空"，设置"增强"为2，增强太阳光的亮度。此时树的右侧较暗，可以在右侧创建"区域光"作为补光，如图6-92所示。在属性面板中设置"颜色"为淡蓝色，"强度"为5，如图6-93所示。效果如图6-94所示。

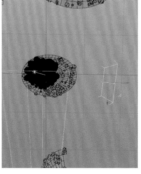

图6-92　　　　　　　　　　图6-93　　　　　　　　　　图6-94

03 创建"RS摄像机"标签，然后在"散景"选项卡下勾选"覆盖"和"启用"，接着在属性面板中设置"源自摄像机"为"对焦距离"，"模糊圈半径"为5，让场景产生景深效果，从而拉开树与山体之间的距离，如图6-95所示。效果如图6-96所示。

04 单击工具栏中的齿轮按钮 ⚙，勾选LUT: Global、Color Controls: Global、Photographic Exposure: Global、Bloom: Global、Magic Bullet Looks，如图6-97所示。执行"渲染 > 编辑渲染设置"菜单命令，打开"渲染设置"对话框，然后选择Redshift，接着单击"AOV"选项卡下的"显示AOV管理器"按钮，如图6-98所示。

图6-95　　　　　　　　　　图6-96

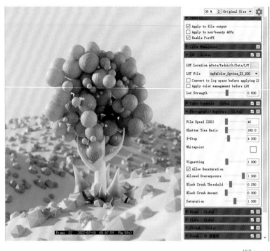

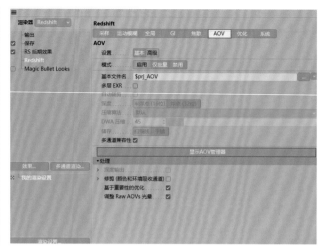

图6-97

图6-98

05 打开"RS AOV管理器"对话框后，将左侧的"完整渲染""深度""反射""阴影"拖曳至右侧的列表中，输出至指定的路径即可，如图6-99所示。效果如图6-100所示。

图6-99

完整渲染　　　　　　深度　　　　　　反射　　　　　阴影

图6-100

4.后期处理

01 将渲染文件导入Photoshop中进行后期处理。添加"反射通道"，设置图层模式为"滤色"，"不透明度"为50%，从而提亮整体画面，如图6-101所示。添加"阴影通道"，设置图层模式为"柔光"，"不透明度"为10%，从而降低暗部的亮度，如图6-102所示。

02 添加"深度通道"，使用"魔棒工具" ✦创建选区，并填充为蓝色；然后设置图层模式为"叠加"，从而增强背景处的天空颜色；接着创建蒙版，使用"画笔工具" ✦控制影响范围，如图6-103所示。

图6-101　　　　　　　　图6-102　　　　　　　　　　　　　　　　　　　图6-103

03 添加"照片滤镜""色阶""自然饱和度"，调整颜色，具体参数的设置如图6-104所示。最终效果如图6-105所示。

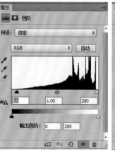

图6-104　　　　　　　图6-105

第 **7** 章 Redshift渲染项目实例

■ 本章简介

　　本章主要展示各项目的渲染效果，读者可根据教学视频来学习渲染方法。

■ 主要内容

- 汽车渲染
- 布料渲染
- 室内渲染
- 艺术花朵渲染
- 自然景观渲染
- 金属雕塑渲染

7.1 Redshift汽车渲染

场景文件	场景文件>CH07>01>01.c4d
实例文件	实例文件>CH07>Redshift汽车渲染
教学视频	Redshift汽车渲染.mp4
学习目标	掌握汽车材质、灯光的制作方法

7.2 Redshift布料渲染

场景文件　场景文件>CH07>02>02.c4d

实例文件　实例文件>CH07>Redshift布料渲染

教学视频　Redshift布料渲染.mp4

学习目标　掌握多种布料材质的调节方法，如绒布、丝绸

7.3 Redshift室内渲染

场景文件	场景文件>CH07>03>03.c4d
实例文件	实例文件>CH07>Redshift室内渲染
教学视频	Redshift室内渲染.mp4
学习目标	掌握室内布光原理，把握室内多面材质的调节方法

7.4 Redshift艺术花朵渲染

场景文件　场景文件>CH07>04>04.c4d
实例文件　实例文件>CH07>Redshift艺术花朵渲染
教学视频　Redshift艺术花朵渲染.mp4
学习目标　掌握RS透明材质原理，学习花朵的透光性方法

7.5 Redshift自然景观渲染

场景文件	场景文件>CH07>05>05.c4d
实例文件	实例文件>CH07>Redshift自然景观渲染
教学视频	Redshift自然景观渲染.mp4
学习目标	掌握室外场景布光的方法与细节光的应用，学习水、晶石、花草等材质的表现方法

7.6 Redshift金属雕塑渲染

场景文件	场景文件>CH07>06>06.c4d
实例文件	实例文件>CH07>Redshift金属雕塑渲染
教学视频	Redshift金属雕塑渲染.mp4
学习目标	掌握流体材质的制作方法和对象的处理方法

附录 计算机硬件配置清单

以下为计算机硬件配置清单，读者可以根据实际情况选择对应的硬件。

最低配置清单	
操作系统	Windows 10 64 位
CPU	核心配置6核i5或同级AMD（i5 12400F）
显卡	至少6GB显存的NVIDIA卡或ATI卡（RTX 2060）
内存	16GB
显示器	分辨率为1920像素×1080像素的真彩色显示器
磁盘空间	30GB
浏览器	Microsoft Internet Explorer 7.0
网络	连接状态

高性价比配置清单	
操作系统	Windows 10 64 位
CPU	核心配置8核i7或同级AMD（i7 12700）
显卡	至少8GB显存的NVIDIA卡或ATI卡（RTX 3070）
内存	16GB
显示器	分辨率为1920像素×1080像素的真彩色显示器
磁盘空间	30GB
浏览器	Microsoft Internet Explorer 7.0及以上
网络	连接状态

高端配置清单	
操作系统	Windows 10 64 位
CPU	核心配置10核i9或同级AMD（i9 12900K）
显卡	至少10GB显存的NVIDIA卡或ATI卡（RTX 3080）
内存	32GB
显示器	分辨率为1920像素×1080像素的真彩色显示器
磁盘空间	30GB
浏览器	Microsoft Internet Explorer 7.0及以上
网络	连接状态